国防科技大学建校70周年系列著作
NATIONAL UNIVERSITY OF DEFENSE TECHNOLOGY

单元红外探测器载流子输运机理

邱伟成　程湘爱　胡伟达　著

国防科技大学出版社
·长沙·

图书在版编目（CIP）数据

单元红外探测器载流子输运机理/邱伟成，程湘爱，胡伟达著.
—长沙：国防科技大学出版社，2023.8
ISBN 978-7-5673-0617-2

Ⅰ.①单… Ⅱ.①邱… ②程… ③胡… Ⅲ.①半导体光电器件—红外探测器—研究 Ⅳ.①TN362

中国国家版本馆 CIP 数据核字（2023）第 097178 号

单元红外探测器载流子输运机理
DANYUAN HONGWAI TANCEQI ZAILIUZI SHUYUN JILI

邱伟成　程湘爱　胡伟达　著

责任编辑：胡诗倩
责任校对：朱哲婧

出版发行：国防科技大学出版社		地　址：长沙市开福区德雅路109号
邮政编码：410073		电　话：(0731) 87028022
印　制：长沙市精宏印务有限公司		开　本：710×1000　1/16
印　张：14.875		插　页：4
字　数：235 千字		
版　次：2023 年 8 月第 1 版		印　次：2023 年 8 月第 1 次
书　号：ISBN 978-7-5673-0617-2		
定　价：108.00 元		

版权所有　侵权必究

告读者：如发现本书有印装质量问题，请与出版社联系。

网址：https://www.nudt.edu.cn/press/

PREFACE

  国防科技大学从1953年创办的著名"哈军工"一路走来，到今年正好建校70周年，也是习主席亲临学校视察10周年。

  七十载栉风沐雨，学校初心如炬、使命如磐，始终以强军兴国为己任，奋战在国防和军队现代化建设最前沿，引领我国军事高等教育和国防科技创新发展。坚持为党育人、为国育才、为军铸将，形成了"以工为主、理工军管文结合、加强基础、落实到工"的综合性学科专业体系，培养了一大批高素质新型军事人才。坚持勇攀高峰、攻坚克难、自主创新，突破了一系列关键核心技术，取得了以天河、北斗、高超、激光等为代表的一大批自主创新成果。

  新时代的十年间，学校更是踔厉奋发、勇毅前行，不负党中央、中央军委和习主席的亲切关怀和殷切期盼，当好新型军事人才培养的领头骨干、高水平科技自立自强的战略力量、国防和军队现代化建设的改革先锋。

值此之年，学校以"为军向战、奋进一流"为主题，策划举办一系列具有时代特征、军校特色的学术活动。为提升学术品位、扩大学术影响，我们面向全校科技人员征集遴选了一批优秀学术著作，拟以"国防科技大学迎接建校70周年系列学术著作"名义出版。该系列著作成果来源于国防自主创新一线，是紧跟世界军事科技发展潮流取得的原创性、引领性成果，充分体现了学校应用引导的基础研究与基础支撑的技术创新相结合的科研学术特色，希望能为传播先进文化、推动科技创新、促进合作交流提供支撑和贡献力量。

在此，我代表全校师生衷心感谢社会各界人士对学校建设发展的大力支持！期待在世界一流高等教育院校奋斗路上，有您一如既往的关心和帮助！期待在国防和军队现代化建设征程中，与您携手同行、共赴未来！

国防科技大学校长

2023年6月26日

前言
FOREWORD

  红外辐射是波长介于可见光与微波之间的电磁波。与可见光探测相比，红外探测具有全天候工作、识别伪装能力强等优点，能够在夜间和恶劣气候下执行不间断侦察、监视等任务；红外探测可轻易识别目标和伪装背景之间由于温差形成的红外辐射特性，从而识别伪装目标。与微波雷达探测相比，红外探测在图像分辨率、被动探测模式等方面具有优势。发展至今，红外探测的光谱响应从短波扩展到长波、甚长波，探测器从单元发展到多元、从多元发展到焦平面器件，从单波段探测向多波段探测发展，从制冷型探测器向高温探测器发展。随着红外技术应用需求的不断提高，研发具有低成本、低噪声、高灵敏度、耐高温、甚长波探测等特征的新一代高性能红外焦平面器件及其检测技术是红外技术研究发展的制高点，其中包括高精密的激光束诱导电流检测技术、高灵敏的雪崩探测器、甚长波探测器、高温工作探测器等。

本书介绍了红外探测领域的基本概念、研究进展和发展趋势。全书共分为7章，第1章介绍红外探测技术的发展历程以及研究现状，揭示目前红外探测技术发展所面临的局限性，概述本书的研究内容和研究思路。第2章介绍红外探测器的基本理论，以及载流子输运的模拟仿真方法。第3章介绍基于解析模型的红外探测器暗电流特性分析方法，研究中波、长波红外探测器的变温暗电流特性，以及硅基碲镉汞（HgCdTe）光伏红外探测器和砷掺杂 HgCdTe 光伏红外探测器相关电学性能特性。第4章介绍基于激光束电流显微技术的红外探测器性能表征技术，主要包括激光束电流显微平台搭建、实验研究、检测模型建立和机理分析四大部分；分析激光束诱导电流（laser beam induced current，LBIC）对红外器件特征参数的提取和光电性能表征方法。第5章红外电子雪崩器件的载流子输运与雪崩机制：介绍雪崩红外探测器的工作原理和应用，研究器件载流子输运特性，揭示器件的主导暗电流机制，并以此为依据优化器件结构。第6章介绍高性能长波 HgCdTe 器件的载流子输运特性，揭示长波阵列器件表面漏电和非均匀性产生的物理机制，并基于能带工程设计新型 PBπn 高性能长波红外探测器。第7章表面等离子体激元场增强和高温工作红外探测技术：分析基于人工微结构表面等离子激元对光的增强吸收效应，介绍量子级联红外探测器、势垒器件、二维材料纳米器件等高温工作原理、载流子输运机理和应用。

本书旨在为从事红外探测器设计以及应用的科研人员，深入介绍本领域的专业基础、分析方法、技术进展和发展趋势，为新型红外焦平面器件的研发提供一定的基础理论指导和技术支持。红外技术的发展日新月异，由于作者水平有限，一些新的理论和方法还未能及时列入，本书涵盖的内容没法完全覆盖新型红外探测体系的所有方面，在此表示遗憾。本书重点介绍红外探测器发展的主流器件的基本工作原理、基本概念、最新研究成果等，如有不妥之处，请读者批评指正。

本书主要基于国防科技大学前沿交叉学科学院高能激光技术研究所激光与物质相互作用团队和中国科学院上海技术物理研究所红外物理团队研究工作整理而成，也吸收了本领域的很多其他研究成果，虽然尽可能地引用参考文献进行了标注，但难免遗漏，向相关作者表示歉意。特别致谢殷菲关于硅基和砷掺杂 HgCdTe 红外探测器暗电流特性、许娇关于中长波 HgCdTe 红外探测器和短波 InGaAs/InP 红外雪崩器件暗电流特性、温洁关于人工微腔 InGaAs/InP 红外雪崩器件等方面所做的研究，以及陆卫、陈效双、王睿、许中杰、钟海荣、江天、郑鑫等对本书研究工作和内容体系提出的宝贵指导意见，使得本书能够顺利出版。

作者

2023 年 3 月

目录 Contents

第1章　红外探测技术发展的基本内涵 ················· 1

1.1　红外探测技术简介 ·································· 2
1.2　红外探测器的研究背景 ······························ 4
  1.2.1　红外材料的基本性质 ·························· 4
  1.2.2　红外探测器的研究现状 ························ 5
1.3　红外探测技术的发展前沿 ···························· 10
  1.3.1　扫描激光束诱导电流检测法 ···················· 10
  1.3.2　红外雪崩探测技术 ···························· 12
  1.3.3　长波及高温工作红外探测技术 ·················· 15
1.4　红外探测载流子输运主要内容和基本框架 ············ 18
  1.4.1　主要内容 ···································· 18
  1.4.2　基本框架 ···································· 18
1.5　本章小结 ·· 19
参考文献 ·· 20

第2章　红外探测器的基本理论与模拟仿真方法 ········· 29

2.1　红外探测器漏电流的基本理论 ······················ 29

  2.1.1 扩散电流 ……………………………………………………… 30
  2.1.2 产生-复合电流 ………………………………………………… 31
  2.1.3 隧穿电流 ……………………………………………………… 35
  2.1.4 碰撞激化电离电流 …………………………………………… 37
  2.1.5 表面漏电流 …………………………………………………… 38
 2.2 器件仿真模型及方法 ………………………………………………… 41
  2.2.1 解析模型方法 ………………………………………………… 42
  2.2.2 数值仿真方法 ………………………………………………… 43
  2.2.3 解析与数值模型联合仿真方法 ……………………………… 50
 2.3 本章小结 ……………………………………………………………… 51
 参考文献 …………………………………………………………………… 51

第3章 基于解析模型的红外探测器暗电流特性分析 …………………… 54

 3.1 基于解析模型提取特征参数的基本方法 ………………………… 55
 3.2 长波 HgCdTe 红外探测器变温暗电流特性 ……………………… 56
 3.3 中波 HgCdTe 红外探测器退火暗电流特性 ……………………… 66
 3.4 Si 基 HgCdTe 红外探测器暗电流特性 …………………………… 72
 3.5 As 掺杂 HgCdTe 红外探测器暗电流特性 ……………………… 76
 3.6 本章小结 ……………………………………………………………… 81
 参考文献 …………………………………………………………………… 82

第4章 红外探测器的激光束诱导电流谱表征方法 ……………………… 84

 4.1 LBIC 的基本原理 …………………………………………………… 85
 4.2 高精度 LBIC 平台的搭建方法 …………………………………… 88
 4.3 LBIC 的物理模型和数值仿真 …………………………………… 91
 4.4 LBIC 对红外器件特征参数的表征 ……………………………… 94
  4.4.1 LBIC 提取结区深度和长度 ………………………………… 94
  4.4.2 LBIC 提取少子扩散长度 …………………………………… 96

4.4.3　结区局域漏电表征 …………………………………………… 99
4.4.4　扫描光电流谱表征二维材料纳米器件 ……………………… 101
4.5　LBIC 对 HgCdTe 光伏器件性能的表征和研究 …………………… 104
4.5.1　离子注入成结的中波 HgCdTe 光伏器件研究 ……………… 105
4.5.2　脉冲激光打孔成结的 HgCdTe 光伏器件研究 ……………… 112
4.6　本章小结 ………………………………………………………………… 118
参考文献 ………………………………………………………………………… 119

第5章　红外电子雪崩器件的载流子输运与雪崩机制研究 ……… 128

5.1　HgCdTe 电子雪崩器件的基本原理、理论模拟和结构优化 ……… 129
5.1.1　基本原理 ………………………………………………………… 129
5.1.2　理论模拟和结构优化 …………………………………………… 133
5.2　平面 p-i-n 型 HgCdTe 雪崩器件实验结果和分析 ……………… 141
5.2.1　实验结果 ………………………………………………………… 141
5.2.2　结果分析 ………………………………………………………… 143
5.3　InGaAs/InP 短波红外雪崩器件暗电流机制与光电响应特性 …… 145
5.3.1　器件结构和物理模型 …………………………………………… 146
5.3.2　SAGCM 型 InGaAs/InP 雪崩器件主导暗电流机制 ………… 149
5.3.3　结构参数对 SAGCM 型器件贯穿和击穿电压的影响 ……… 152
5.3.4　p-i-n 型 InP/InGaAs/InP 雪崩器件光响应特性研究 ……… 155
5.4　新型金属-绝缘体-金属结构雪崩红外探测技术 …………………… 163
5.5　本章小结 ………………………………………………………………… 168
参考文献 ………………………………………………………………………… 169

第6章　基于能带工程的高性能长波 HgCdTe 器件研究 …………… 174

6.1　长波 HgCdTe 器件的研究背景 ……………………………………… 175
6.2　长波 HgCdTe 器件的电学特性与微观机理研究 ………………… 178
6.2.1　变温和变面积的电学特性测试及分析 ……………………… 178

单元红外探测器载流子输运机理

  6.2.2 长波阵列器件的表面漏电与非均匀性研究 ……………… 181
 6.3 基于能带工程 PBπn 型长波器件的设计和机理研究 …………… 184
  6.3.1 PBπn 型长波器件的设计与仿真方法 ………………… 184
  6.3.2 理论模拟与实验结果讨论 ……………………………… 185
 6.4 本章小结 …………………………………………………………… 190
 参考文献 ………………………………………………………………… 191

第7章 表面等离子体激元场增强和高温工作红外探测技术 … 195

 7.1 表面等离子体激元场增强红外光吸收 …………………………… 196
  7.1.1 表面等离子体激元简介 ………………………………… 196
  7.1.2 金属光栅表面等离子体激元场增强红外探测技术 …… 199
 7.2 高温工作红外探测器研究 ………………………………………… 205
  7.2.1 高温工作红外探测器简介 ……………………………… 205
  7.2.2 InAsSb/InGaAs nBn 型高温红外探测器 ……………… 207
  7.2.3 HgCdTe NBνN 型高温红外探测器 …………………… 211
  7.2.4 量子级联红外探测器 …………………………………… 214
  7.2.5 基于二维材料的室温红外探测器 ……………………… 216
 7.3 本章小结 …………………………………………………………… 220
 参考文献 ………………………………………………………………… 221

第 1 章

红外探测技术发展的基本内涵

自从 1800 年英国天文学家 Herschel 发现红外辐射至今，红外技术经历了两个多世纪的发展，在军事、民用领域都具有广泛的应用。一开始，红外技术以红外热探测为主，发展非常缓慢。直到第二次世界大战以后，真正意义上的红外光子探测器才得到了蓬勃发展。1959 年，碲镉汞（HgCdTe）红外材料被人工合成，极大地推进了红外成像技术的发展。此后，基于 HgCdTe 红外焦平面器件的红外成像技术得到迅速发展，并建立了 HgCdTe 材料生长技术、热处理技术以及表面钝化技术等基本工艺体系。随着材料技术的发展，红外材料变得更加丰富，红外焦平面器件已初步形成了不同规格的、覆盖各个红外波段探测的技术体系。

红外探测技术发展日新月异，深刻改变着人们的生产生活方式，有力推动着社会发展与进步。本章系统介绍红外探测器的发展历程、研究现状以及发展趋势和前沿。

1.1 红外探测技术简介

早期研制的红外探测器存在波长单一、量子效率低、工作温度低等问题，极大地限制了红外探测器的应用。经过多年的发展，红外探测技术已经取得了很大的提升，并不断拓展新的应用领域。最初，红外探测技术的开发主要满足于军事上的目标捕获、监测、夜视和防空需求。目前，红外探测技术的应用迅速扩大到了一系列更广泛的学科、医学、工业应用，如温度监测、医学成像诊断、天气预报、短程通信、化学检测和光谱学等。

对于大部分红外探测技术的应用，红外遥感数据都需要经过大气进行传输。由于地球大气中二氧化碳、水的吸收以及悬浮颗粒的散射，并不是全部红外波长都可应用于自由空间的遥感数据传播。地球大气的红外传输窗口如图 1.1 所示[1]。

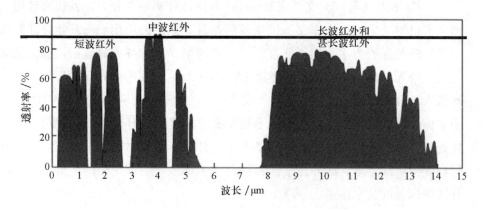

图 1.1 地球大气的红外传输窗口[1]

很显然，只有几个大气传输窗口可用于红外遥感数据的传输。因此，红外技术的开发和应用主要集中在大气窗口的短波红外（波长 1~3 μm）、中波红外（波长 3~5 μm）、长波红外（波长 8~14 μm）和甚长波红外（波长 > 14 μm）[2-5]。针对这些红外波段，已经开发出了不同红外材料、结构和功能

第 1 章
红外探测技术发展的基本内涵

的各类型红外探测器。红外探测器的发展历程如图 1.2 所示[4]。

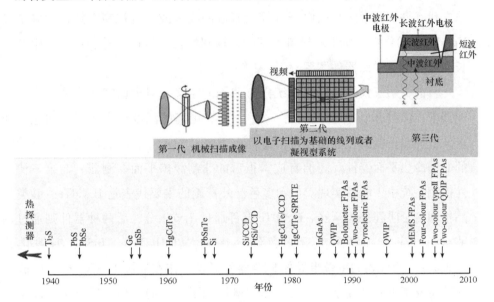

图 1.2　红外探测器的发展历程[4]（见彩插）

最初红外探测器的发展与热探测息息相关。1821 年，温差电效应首次被 Seebeck 发现，并用于制备早期的热电偶器件。1880 年，Langley 设计了一种更灵敏的辐射热测量计，能够精确测量红外辐射的强弱。直到 20 世纪，真正进行光电探测的光子探测器才发展起来。由于光子探测器具有较高的响应率和较快的响应速度，很快引起了研究人员的重视，从而得到迅速发展。1917 年，美国人 Case 开发了第一个以硫化铊为材料的红外光导探测器[5]。20 世纪 30 年代末，德国人 Kutzscher 在柏林大学研制了实用化的硫化铅（PbS，截止波长 3 μm）光导型红外探测器。第二次世界大战时期，军事上的迫切要求极大地推动了红外探测技术的发展。1959 年，英国人 Lawson 首次研制了探测波长连续可调、量子效率高和工作温度范围广的高性能 HgCdTe 红外探测器。随后，HgCdTe 材料作为制备红外探测器的重要材料，推动了争相研发高性能、新性能红外探测器的热潮。

红外探测系统的发展大致可以分为三代，如图 1.2 所示。第一代红外探测系统采用机械扫描,存在系统笨重、灵敏度低、速度慢和功耗大等缺点。第二代红外探测系统是以电子扫描为基础的线列或者凝视型系统,发展了以 HgCdTe、锑化铟(InSb)材料为基础,探测波长覆盖近红外、短波、中波及长波的阵列焦平面器件体系。

目前,第三代红外探测系统没有明确的定义,但根据红外探测技术的发展需求,应具有以下三个特点[6-7]:①拥有更高的温度分辨率、探测速率和多波段探测功能的焦平面器件。②拥有小光敏元尺寸和高灵敏度的中高性能的非制冷焦平面器件。③拥有成本很低的非制冷焦平面探测器。在第三代红外探测系统中,能够实现双色和多色红外探测的主要代表是 HgCdTe、Ⅱ类超晶格和量子阱红外探测器。HgCdTe 器件通过调节组分,后两种器件则通过调节组分、应变或厚度实现多色红外探测。以 HgCdTe、InSb、铟砷化镓(InGaAs)为代表的窄带半导体材料器件必须工作在低温下(77 K 或更低),这就需要笨重而且复杂的制冷设备,既增加了系统的不稳定性,又难以小型化,不便于携带,工作环境和工作时长等受到诸多限制。近期发展的基于能带工程设计、量子阱级联、等离子体激元增强吸收、二维材料等技术为室温红外探测器的研发提供了可行性方法。

1.2 红外探测器的研究背景

1.2.1 红外材料的基本性质

在从短波到甚长波红外的光谱范围内,大多数商业红外探测 D^* 值为 $10^{10}\ cm\cdot Hz^{0.5}\cdot W^{-1}$。值得一提的是,在中波和长波光谱范围,低温工作的 HgCdTe 光伏探测器 D^* 值接近于理论极限值,相比其他常见的红外材料,如砷化镓(GaAs)、InGaAs、InSb、PbS 等,其要更加优越[8]。因此,HgCdTe

材料成为制备下一代高性能红外探测器的理想材料之一。1959 年，英国皇家雷达研究所第一次人工合成了带隙可调的 HgCdTe 红外材料[9]。$Hg_{1-x}Cd_xTe$（其中 x 为 Cd 组分）是碲化汞（HgTe）和碲化镉（CdTe）混合的赝二元系统，具有闪锌矿结构，属于直接带隙半导体材料，对红外光的吸收属于本征激发，具有较高的吸收系数和量子效率。当热力学温度为 4.2 K 时，随着组分 x 从 0 到 1 变化，$Hg_{1-x}Cd_xTe$ 的禁带宽度可以从 −0.3 eV 到 1.6 eV 连续改变，响应波段覆盖了整个红外波段。同时，$Hg_{1-x}Cd_xTe$ 晶格常数随组分 x 的变化很小，这使得 HgCdTe 材料与碲锌镉（CdZnTe）衬底具有几乎完美的晶格匹配。与其他红外材料相比，HgCdTe 红外探测器能在较高温度下工作（工作温度范围更广）。材料本身的巨大优势使得 HgCdTe 红外探测器成为红外器件家族中不可或缺的一员。

目前，HgCdTe 材料的生长方法主要有液相外延（liquid phase epitaxy，LPE）、分子束外延（molecular beam epitaxy，MBE）以及金属有机化合物气相沉积（metal organic chemical vapor deposition，MOCVD）等[10]。生长的常见衬底材料主要有 CdZnTe、GaAs、硅（Si）等。CdZnTe 与 HgCdTe 的晶格常数最为接近，最早被选作衬底材料[11]。GaAs 材料能够透过较宽的红外波段范围[12-13]，而 Si 材料的成本最低且与读出电路能直接耦合[14]，它们都具有相应的应用价值。HgCdTe、InSb、InGaAs 等红外材料器件通常应用在弱红外探测领域，但同时其在特殊领域强激光辐照下也会呈现零压输出、过饱和、混沌效应等丰富物理现象[15-16]。当激光能量达到一定值时，红外材料本身晶体结构会发生急剧变化，如 Hg 原子从 HgCdTe 晶体中析出、InSb 表面气化等[17-18]。

1.2.2 红外探测器的研究现状

1. p-n 结光伏探测器

p-n 结光电二极管是光伏型红外探测器的典型结构。其工作机理是依靠内建电场分离光生电子-空穴对,将光信号转换为电信号,进行光电探测。p-n结工作的基本原理如图1.3所示[19]。当n型和p型半导体结合形成p-n结时,由于n型半导体的电子(多子)浓度远高于p型半导体,电子从n区向p区进行扩散。同理,空穴则从p区向n区进行扩散。这使得接触面n区一侧出现带正电荷的电离施主,p区一侧出现带负电的电离受主,从而形成一个空间电荷区。空间电荷区产生了正电荷指向负电荷的电场,即从n区指向p区,亦称为内建电场。

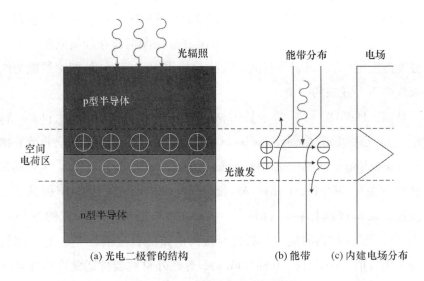

图1.3 p-n结工作的基本原理

当红外光(光子能量大于禁带宽度)入射到p-n结表面时,光子被半导体材料吸收并激发大量光生电子-空穴对。在距离p-n结一个或几个扩散长度范围内所产生的光生电子-空穴对扩散至空间电荷区,由于内建电场的作用,被朝着相反方向分开,从而形成光电流。光电流的方向与二极管正向电流相反,在电流-电压($I-V$)曲线中呈反向电流特征,如图1.4所示。

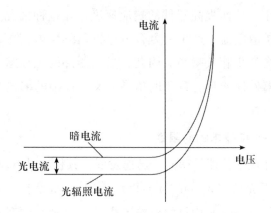

图 1.4　p-n 结光电二极管的暗电流和光电流曲线

电子和空穴的扩散长度 L_n 和 L_p 分别为：

$$L_{n,p} = \sqrt{D_{n,p}\tau_{n,p}} \tag{1.1}$$

$$D_{n,p} = \frac{\mu_{n,p}kT}{q} \tag{1.2}$$

式中：$D_{n,p}$ 为少子扩散系数；$\tau_{n,p}$ 为少子复合寿命；$\mu_{n,p}$ 为少子迁移率；k 为玻尔兹曼常量；T 为温度；q 为电子所带电荷量。

p-n 结光电二极管总的电流密度为：

$$\boldsymbol{J}(V,\boldsymbol{\Phi}) = \boldsymbol{J}_{dark}(V) - \boldsymbol{J}_{ph}(\boldsymbol{\Phi}) \tag{1.3}$$

暗电流密度 $\boldsymbol{J}_{dark}$ 仅依赖偏置电压 V，光电流密度 $\boldsymbol{J}_{ph}$ 则仅依赖光通量密度 $\boldsymbol{\Phi}$。光电流密度 $\boldsymbol{J}_{ph} = \eta\boldsymbol{\Phi}$，$\eta$ 为量子效率。光电二极管除电流-电压特性曲线外，描述结阻抗的品质因子也常用来衡量器件性能的好坏，被定义为零偏电阻 R_0 与结面积 A 的乘积：

$$R_0 A = \left(\frac{\partial \boldsymbol{J}}{\partial V}\right)^{-1}_{V_b = 0} \tag{1.4}$$

光电二极管的暗电流和品质因子 R_0A 值都与探测器的噪声直接相关，影响器件的信噪比。高性能光电二极管的特征是拥有较低的暗电流和较高的 R_0A 值，以减少探测器噪声。在零偏压下，暗电流对噪声的贡献可以忽略不计。然而，光伏器件通常工作在较小的反偏压范围内。反偏压可以增加耗尽区的宽度和电场大小，从而提高器件的响应速度。在这种情况下，由于各种漏电流的存在，如扩散电流、产生-复合电流以及隧穿电流等，暗电流的大小不可忽略，且其会产生相关噪声。因此，揭示器件的主导暗电流机制，对于下一步如何改进器件性能具有重要的指导意义。详细的漏电流产生理论将在下一章介绍。

2. 简单 p-n 结技术的局限性

光伏型红外焦平面器件得到了迅速发展，其核心结构就是 p-n 结，可分为 n^+-on-p 平面结和 p-on-n 台面结[20-21]，如图 1.5 所示。B^+ 注入技术是目前制备 n^+-on-p 平面结的标准工艺[22]。加速后的高能 B^+ 直接注入 p 型 HgCdTe 材料，可以实现材料表面向 n 型转变，形成 n^+-on-p 平面结。然而，离子注入过程也会给晶格结构带来损伤，形成缺陷。结构缺陷会进一步导致 n^+-on-p 平面结形成较大的缺陷辅助隧穿电流、产生-复合电流以及表面漏电流，严重影响器件性能，很难获得较高的 R_0A 值。器件性能对 B^+ 的注入能量、角度、剂量、时间的变化都非常敏感。正因为 B^+ 注入技术难以掌控，国际上也在积极寻找其他成结技术，如离子束刻蚀成结[23]、脉冲激光打孔成结[24]。p-on-n 台面结器件是通过原位掺杂成结，这种结构比较适用于能抑制直接隧穿电流的高性能异质结器件[25-26]。相比于平面结，它的优点在于可以通过设计使得宽带隙材料仅作为传输窗口，对给定光信号波长进行量子效率和响应速度的优化，甚至实现多色探测；其 p 层是宽禁带的材料，能够有效抑制热噪声[27]。n 型吸收层少子寿命长，使得整个器件的量子效率能

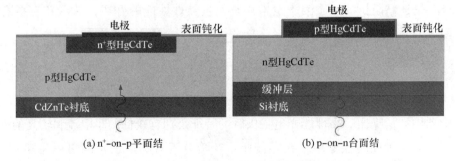

(a) n^+-on-p 平面结   (b) p-on-n 台面结

图 1.5 HgCdTe 光伏探测器的典型结构示意图

有所提高。n^+-on-p 平面结和 $p-on-n$ 台面结结构简单、容易大面积制备且能够满足基本的红外探测性能需求，因而被广泛应用于 HgCdTe 红外焦平面器件。但是，由于 p-n 结本身结构简单的特点，难以制备更高性能的新一代 HgCdTe 红外焦平面器件。其所带来的局限性主要归纳为以下几点：

（1）成品率低，制造成本高。

（2）难以突破更弱光信号探测，甚至单光子探测。

（3）难以获得高温工作器件、高性能长波器件。

针对目前制备大面阵光伏红外焦平面器件成品率低、成本昂贵的问题，除了从源头上改善工艺水平，提高面阵焦平面器件的质量，还可以发展先进的检测手段，进行中期检测和筛选，及时发现质量问题，以降低制造成本。激光束诱导电流（LBIC）方法正是在这种需求中应运而生的，作为一种质量无损检测技术被广泛应用于光伏红外焦平面器件的检测[28]。

在激光测距过程中，发射的激光经过目标反射回来以后，作用在探测器上的光强非常微弱，这就要求红外探测器具有较高的内增益和频率响应特性。而普通的 p-n 结器件内增益通常等于 1，显然满足不了这一要求。唯一的解决办法是，改变器件结构，利用雪崩效应来增大器件的内增益，这就是雪崩红外探测器，如 HgCdTe、InGaAs/磷化铟（InP）等雪崩红外探测器。作为下一步发展方向的雪崩红外探测器，可以通过改变器件的偏置方式，进行主动和被动双模式探测，实现对目标的红外三维成像，亦称三维红外激光雷达技术。

要获得高性能的长波或甚长波红外焦平面器件仍然面临巨大的挑战。红外材料的禁带宽度越窄，器件性能就越容易受到表面钝化、材料生长和掺杂工艺的影响。例如，较大的隧穿电流、表面漏电流以及非均匀性是限制 HgCdTe 长波红外焦平面器件发展的主要因素。为了抑制长波器件的表面漏电流，发展出了阳极氧化[29]、CdTe 或硫化锌（ZnS）表面钝化[30]、CdTe/ZnS 复合膜[31]等钝化技术。CdTe/ZnS 复合膜表面钝化的钝化效果和可靠性都比较好，因而得到了广泛应用，成为当今 HgCdTe 表面钝化的主流膜系。红外窄带隙半导体材料在高温下热激发使得本征载流子浓度迅速上升，导致反向扩散

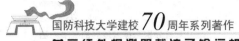

电流增大。因此,通常以 HgCdTe、InSb、InGaAs 为代表的窄带半导体红外探测器需要采用液氮制冷,工作温度为 77 K。为了提高红外探测器的工作温度,降低对制冷设备的依赖性,研究人员提出了高温工作探测器的概念。基于能带工程设计出的具有特定器件能带结构的红外探测器件,设法让高温下吸收层的本征载流子浓度处于"耗尽"状态,抑制俄歇漏电流,使器件在高温下能够照常工作。另外,等离子体激元增强光吸收以及二维材料局域电场增强等技术也为室温红外探测器的发展提供了方向。

1.3 红外探测技术的发展前沿

随着红外探测技术的不断发展及对红外焦平面器件性能需求的不断提升,研发具有高探测灵敏度、高工作温度、低噪声、低成本等特征的高性能红外焦平面器件是红外技术发展的主要目标[32],这就对 HgCdTe、InSb、InGaAs 等红外探测器的制备工艺和检测技术提出了更高的要求。

1.3.1 扫描激光束诱导电流检测法

LBIC 方法作为一种光学无损检测技术广泛应用于 HgCdTe、InSb、InGaAs 光伏红外焦平面器件的检测,不仅能高效地检测出大焦平面阵列器件 p-n 结单元的差异性,还能够分析出样品材料的光电活性特征分布以及提取出器件结构、材料、性能等参数。因此,LBIC 表征方法对于提高器件的成品率、减少器件工艺不必要的浪费、节约成本以及分析器件性能具有重要意义。

不接触 p-n 结的两端,仅靠样品表面上的两个远端电极来获得 LBIC 电压信号的方法最早是由 Wallmark[33] 提出的,他用横向光伏效应解释了这一现象。1987 年,Bajaj 等[34] 通过测量样品的 LBIC 信号,将 LBIC 方法应用到了 HgCdTe 材料的无损检测中。Redfern 等[35] 从器件中电流流动的角度对 LBIC 信号进行了解释。LBIC 信号代表了样品中具有光电机制的特征空间分布,不仅可以从中迅速得到阵列器件的失效元、光敏面积、占空比，而且可以分析得到样品的光电特征参数、能带结构、结电场分布等丰富信息。Siliquini 等[36]通过对不同温度下 LBIC 信号的理论模拟和分析，确定了由刻蚀引起的 n 转型有效掺杂浓度。Hu 等[37]利用 LBIC 方法对长波 HgCdTe 光伏阵列器件的结型反转效应、离子注入产生的损伤缺陷、p 型衬底材料的混合电导效应进行了研究。Feng 等[38]通过测量样品不同温度下的 LBIC 谱线，研究了 Hg 空位掺杂的 $Hg_{1-x}Cd_xTe$ ($x=0.31$) 光伏器件的结局域漏电流现象。当器件存在局域漏电流时，p-n 结两侧的 LBIC 信号峰不再具有对称性，如图 1.6 所示。同时，Feng 等[39]还分析和研究了 HgCdTe 光伏探测器中 p-n 结的深度和长度与 LBIC 信号的关系。

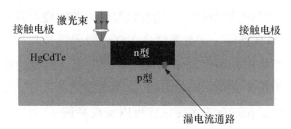

(a) HgCdTe光伏探测器中p-n结的局域漏电示意图

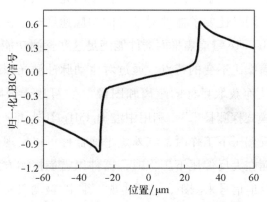

(b) 归一化LBIC信号随激光辐射位置变化的仿真曲线

图 1.6　HgCdTe 光伏探测器结局域漏电的 LBIC 表征[38]

关键材料参数，如载流子寿命和扩散长度等，也可以通过 LBIC 信号曲线进行提取[40-42]。在成结技术中，包括常用的离子注入[43]、离子刻蚀[44]以及新型的脉冲激光打孔[45-47]等技术，LBIC 方法是判断和分析材料中是否形成反型层和 p–n 结的有效手段。总之，LBIC 方法不仅成为无损检测大面阵 HgCdTe、InSb、InGaAs 光伏红外焦平面器件的有效手段，而且是提取器件结构和材料参数、分析器件性能的强有力工具。

1.3.2 红外雪崩探测技术

雪崩光电二极管（avalanche photodiode，APD）早在 20 世纪 80 年代就有报道，HgCdTe 材料电子和空穴离化系数差异大的特性使其能够用于制备几乎无过剩噪声的 APD 器件。这类器件将在红外微弱信号和高空间–时间分辨率探测中发挥关键作用，因而近年来得到快速发展，已成为第三代红外成像探测器发展的一个重要方向。HgCdTe 红外雪崩探测器以其高增益带宽积、高信噪比和适于线性工作进行成像等优点可以实现高速、弱信号甚至单光子探测，在光纤通信、三维激光雷达、天文观测以及大气探测等方面具有广泛应用。由于激光经远距离目标反射后返回到探测器上的光子数非常少，要求器件具有很高的内增益；同时还要求器件对信号的响应速度非常快，即拥有较高的频率响应特性。HgCdTe 雪崩焦平面器件能满足这些探测功能，它具有信号放大且能较好保持信噪比不变的特点，通过对主动脉冲激光照射目标后的反射信号进行探测，从而获取目标的距离和图像[11]，可用于国际上重点发展的"三维主/被动双模式探测技术"。利用中波 HgCdTe 红外焦平面探测器的双模工作方式，在小反偏压下工作时，红外焦平面器件可以实现目标中波红外辐射的二维成像，而在大反偏压下工作时，器件以雪崩探测方式探测主动发射短波红外激光的反射信号来测距，进而实现三维主/被动双模式成像。

雪崩探测器是一种采用内增益的器件，在反偏压下，光生电子–空穴对能够在电场加速下获得足够高的能量，通过与离子相撞而产生更多的电子–空穴对，从而产生雪崩效应，光生信号因此被放大。Reisinger 等[48]利用 Hg

扩散制备了 n-on-p 型 APD 器件，采用前入射方式，77 K 时截止波长为 11.95 μm，增益因子在 -5 V 时达到 50，通过分析光谱响应曲线与反偏压的关系，推论出电子离化系数是空穴离化系数的 100 倍以上。BAE Systems 的 Reine 等[49-50]制备了 P-N-N+ 结构的电子雪崩焦平面器件，采用 LPE 方法在 CdZnTe 衬底上垂直生长 HgCdTe 材料。器件采用背入射方式，由 4×4 个面积为 250 μm×250 μm 的 APD 光敏元构成，160 K 时截止波长为 4.06 μm，-11.7 V 时最大增益为 648，过剩噪声因子约为 1。近年来，相关材料和探测器的制备技术进展很快，目前国外 HgCdTe 电子雪崩器件的增益已经达到 1 000 以上，基本能够满足应用要求。Kerlain 等[51]在 CdZnTe 衬底上使用 LPE 技术生长了中波 HgCdTe 电子雪崩焦平面器件。通常 MBE 和 LPE 材料生长法均可满足 HgCdTe 电子雪崩器件的制备工艺，因为其对材料结构的要求相对较低。雷神公司视觉系统（Raytheon vision systems）将 HgCdTe 电子雪崩器件的增益做到了 5 300，带宽达到了 730 GHz，能够探测亚光子水平的等效光子数[52]，如图 1.7 所示。

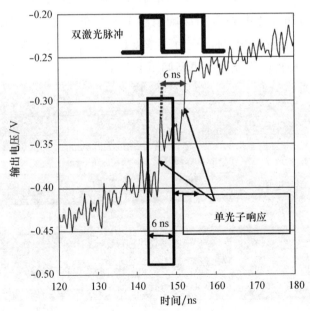

图 1.7　中波 HgCdTe 电子雪崩探测器对单光子的响应信号[52]

法国 CEA/LETI 制备了室温工作条件下的 320×240 短波 HgCdTe 电子雪崩器件，截止波长为 2.8 μm，同时设计了特殊的低噪声读出电路[53]。美国 DRS 公司已用其研制的 128×128 中波雪崩红外焦平面器件实现对目标的距离成像[54]。我国中国科学院上海技术物理研究所已经开展了相关的前期工作，如在 GaAs 衬底上，使用 MBE 技术生长了 PIN 结构的 HgCdTe 雪崩器件[55]。

InGaAs 属于带隙半导体材料，是由 Ⅲ-Ⅴ 族材料砷化铟（InAs）和 GaAs 配比形成的赝二元系统。$In_{1-x}Ga_xAs$ 禁带宽度随组分 x 可以从 0.35 eV 到 1.43 eV 连续变化，探测波长从 0.87 μm 至 3.5 μm 覆盖了近/短红外波段[56-57]。由于 $In_{0.53}Ga_{0.47}As$ 晶格常数与 InP、$In_{0.52}Al_{0.48}As$ 等衬底较为匹配，InGaAs/InP 雪崩红外探测器具有高灵敏特点，在三维雷达成像、军事、通信等领域得到广泛的应用[58-59]。2019 年，Cao 等[60]对 InGaAs/铟铝砷（InAlAs）单光子雪崩探测器进行了理论结构设计，其结果如图 1.8 所示。通过二维数值模拟，对 InGaAs/InAlAs 雪崩探测器的电场分布和载流子隧穿行为进行了仿真分析。研究结果表明，当 InGaAs/InAlAs 雪崩器件在盖革模式下工作时，电场随吸收层厚度线性增加。考虑到雪崩层阈值隧穿电场的大小，雪崩层厚度应大于 300 nm。此外，通过对电荷层进行高浓度掺杂，可以有效避免吸收层的载流子隧穿效应，使得器件能够在更高偏压下工作。

图 1.8　InGaAs/InAlAs 单光子雪崩探测器的结构示意图[60]

1.3.3 长波及高温工作红外探测技术

长波（尤其是波长大于 12 μm）红外焦平面器件是第三代红外遥感成像的尖端技术。8~14 μm 波长范围内的远程大气探测，能提供二氧化碳水平、湿度和温度等重要信息，从这些信息中可以判断出大气的温度分布和云层结构等[61]。同时，这个波段的红外探测信息也是对跟踪和侦察地球背阳面目标的必要补充，在军事上具有重要的应用价值。由于 HgCdTe 材料量子效率高、吸收波长可调和工作温度范围宽等特点，HgCdTe 红外焦平面探测技术仍然是长波红外遥感成像的主导技术。长波红外探测要求阵列焦平面器件必须具备高响应率、高响应均匀性、低噪声和低暗电流的特点。但是，随着 HgCdTe 材料禁带间隙的变小，器件更容易发生隧穿效应。同时，器件表面更容易受钝化工艺的影响而出现积累、耗尽和反型层，增加表面漏电流。器件暗电流及其相关噪声对小组分 $Hg_{1-x}Cd_xTe$ 材料的生长、复杂掺杂过程和表面钝化处理工艺等异常敏感。因此，长波 HgCdTe 红外焦平面阵列器件容易受到材料缺陷以及响应不均匀性的影响[62-64]，制备高性能的长波 HgCdTe 红外焦平面器件仍然非常具有挑战性[65-66]。HgCdTe 长波器件的发展在很大程度上是受到了其暗电流特性的制约[67]，包括表面漏电流、陷阱辅助隧穿电流、扩散电流等。目前，分析与材料表面和缺陷相关的暗电流机制成为改进 HgCdTe 长波器件性能的关键问题[68-72]。

为了降低长波器件的暗电流，其中一个发展趋势是采用非本征掺杂 p-on-n 器件结构代替原来的 n-on-p 型 Hg 空位本征掺杂器件结构[72]。在 n-on-p 型器件中，Hg 空位掺杂 p 型材料由于存在各种材料缺陷，载流子寿命短，导致器件扩散电流较大。采用 p-on-n 器件结构，吸收层为本征掺杂 n 型 HgCdTe 材料，能够将扩散电流降低至少一个量级[65]。另一个发展趋势是采用基于能带工程设计的单极阻挡层器件，这类器件也是当前发展高性能 HgCdTe 红外探测器的一个研究方向[73]。与传统的 HgCdTe 光伏器件相比，基于能带工程的单极阻挡层器件具有以下优势：第一，合理选择能带阻挡层的位置，理论上可以对产生-复合电流、陷阱辅助隧穿电流和带带隧穿电流等暗电流进行削减；第二，在工艺上不需要苛刻的表面处理，也能够实现有效控制表面漏电流；第三，通过适当调节单极阻挡层器件的掺杂与每层禁带宽度，能够有效抑制高温下俄歇主导的暗电流机制，实现器件能在较高温度下工作。因此，对HgCdTe单极阻挡层器件的研究有助于降低器件的暗电流，从而提高HgCdTe红外探测器性能，符合下一代HgCdTe红外焦平面器件的发展方向。

Maimon和Wichs[74]在研究Ⅲ-Ⅴ族器件时提出基于能带工程的单极阻挡层nBn器件的概念。2011年，Itsuno等[75]对n^+Bn器件的电学性能进行了详细的理论分析和计算，并与传统的p-n结光伏器件进行了对比研究，制备了性能更加优越的截止波长为12 μm的HgCdTe长波n^+Bn器件。n^+Bn型HgCdTe器件的结构和能带结构如图1.9所示，通过能带设计，阻挡层较高的导带势垒ΔE_c阻止了n^+层多子的传导而不影响吸收层光生电子-空穴对的传输。这种结构能够抑制多种暗电流成分，包括陷阱辅助隧穿电流、直接隧穿电流、产生-复合电流和表面漏电流。

正常的HgCdTe探测器在高温下，由于本征载流子浓度的迅速升高，器件俄歇漏电流急剧增大而无法工作。2012年，Itsuno等[75]提出了俄歇抑制的高温工作器件，其在n^+Bn器件结构的基础上，发展了一种新的NBυN结构，其中υ代表掺杂浓度很低的n型吸收层，如图1.10所示。该结构的能带特点是器件在一定反偏压下工作时，能够降低或耗尽吸收层的载流子浓度，抑制俄歇漏电流，使器件能够在较高温度下工作[76-84]。在不牺牲焦平面阵列器件性能的同时，提高器件的工作温度可以减小冷却系统的功耗，提高冷却效率，增加制冷机的寿命，使器件能够朝着更小、更轻的方向发展。

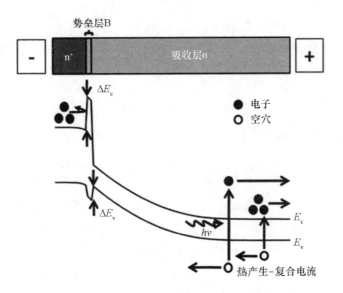

图 1.9　n^+Bn 型 HgCdTe 器件的结构和能带结构示意图[75]

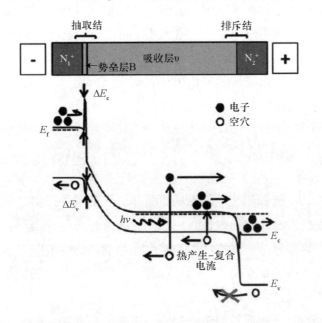

图 1.10　在反偏压下工作时 $NBυN$ 型 HgCdTe 器件的俄歇抑制过程示意图[80]

1.4 红外探测载流子输运主要内容和基本框架

1.4.1 主要内容

随着材料和红外技术的发展，红外探测器正迅速朝着便利化、多功能化和高性能化方向发展，载流子输运机理作为最核心的器件物理基础，在各类新型红外器件的设计与开发中发挥着不可替代的作用。围绕红外探测器的工艺检测和技术发展需求，本书介绍光电性能检测和新型红外探测过程中的载流子输运机理，并着重介绍和分析下一代急需发展高灵敏红外雪崩探测器、长波和高温工作探测器等技术，为从事新一代高性能红外探测器研发的科研人员提供理论指导和技术支撑。主要内容包括红外探测器的基本理论与模拟仿真方法、基于解析模型对窄带隙红外探测器的暗电流提取与分析、LBIC无损表征技术的载流子输运过程仿真与应用、雪崩红外探测器的基本原理与结构设计、长波红外探测器的理论仿真和暗电流机制分析、高温工作红外探测技术的发展与应用。

1.4.2 基本框架

（1）介绍红外探测技术的发展历程和研究现状。揭示目前传统红外光伏探测技术发展所面临的局限性：成本高，缺乏可靠的检测手段；难以突破微弱红外信号的探测；长波器件受到暗电流的制约，性能难以提升；需要低温工作，严重依赖于制冷设备。针对目前红外探测技术发展所面临的问题，阐述了相应的发展趋势和解决方案。

（2）介绍红外探测器的基本理论与模拟仿真方法。红外探测器暗电流主要包含扩散电流、产生－复合电流、隧穿电流、碰撞激化电离电流、表面电流等，模拟仿真方法分为解析模拟和数值仿真两种。

（3）介绍基于解析模型的红外探测器暗电流特性分析方法。研究中波、长波红外探测器的变温暗电流特性，以及 Si 基 HgCdTe 光伏红外探测器和 As 掺杂 HgCdTe 光伏红外探测器相关电学性能特性。

（4）介绍红外探测器 LBIC 无损检测技术的工作原理、载流子输运过程和系统搭建方法。介绍 LBIC 对红外器件特征参数的提取和光电性能表征方法。

（5）研究红外电子雪崩器件的载流子输运与雪崩机制。介绍雪崩红外探测器的工作原理和应用，研究器件载流子输运过程，分析器件的暗电流输运与雪崩机制，对器件结构进行优化。

（6）介绍基于能带工程的高性能长波 HgCdTe 器件结构设计方法。研究长波红外探测器的主要暗电流机制以及限制性能的主要因素，基于能带工程设计长波红外探测器结构，提高长波红外探测器性能。

（7）介绍新型表面等离子体激元增强和高温工作红外探测技术。分析基于人工微结构表面等离子激元对光的增强吸收效应，介绍量子级联红外探测器、势垒器件、二维材料纳米器件等高温工作原理、载流子输运机理和应用。

1.5　本章小结

本章介绍了红外探测领域的基本概念、研究进展和发展趋势。从红外探测技术的发展历程出发，结合红外探测器的研究现状，揭示了红外探测技术发展所面临的局限性：缺乏前期无损表征技术，成品率低，制造成本高；难以突破更弱光信号探测，甚至单光子探测；难以获得高温工作器件、高性能长波器件。随着红外技术应用需求的不断提高，研发具有低成本、低噪声、高灵敏度、高温工作、甚长波探测等特征的新一代高性能红外焦平面器件及其检测技术成为红外技术发展的主要趋势。本章围绕红外技术发展的主要目标，概述了本书的组织架构以及高精密激光束诱导电流检测技术、高灵敏的雪崩探测器、长波探测器、高温工作探测器等主要章节内容，为相关技术人员从事高性能红外探测器设计与研发提供了基本的研究思路、理论指导和技术支持。

参考文献

[1] ROGALSKI A. Infrared detectors[M]. 2nd ed. Boca Raton: CRC Press, 2011.

[2] 汤定元,糜正瑜. 光电器件概论[M]. 上海:上海科学技术文献出版社, 1989.

[3] 解晓辉,廖清君,杨勇斌,等. HgCdTe甚长波红外光伏器件的光电性能[J]. 红外与激光工程, 2013(5): 1141-1145.

[4] ROGALSKI A, ANTOSZEWSKI J, FARAONE L. Third-generation infrared photodetector arrays[J]. Journal of Applied Physics, 2009, 105(9): 091101-1-091101-44.

[5] CASE T W. Notes on the change of resistance of certain substances in light[J]. Physical Review, 1917, 9(4): 305-310.

[6] NORTON P R, CAMPBELL J B, HORN S B, et al. Third-generation infrared imagers[C]//Proceedings of SPIE, 2000, 4130: 226-236.

[7] REAGO D A, HORN S B, CAMPBELL J, et al. Third-generation imaging sensor system concepts[C]//Proceedings of SPIE, 1999, 3701: 108-117.

[8] ROGALSKI A, RAZEGHI M. Narrow-gap semiconductor photodiodes[C]// Proceedings of SPIE: The International Society for Optical Engineering, 1998, 3287: 2-13.

[9] LAWSON W D, NIELSEN S N, PUTLEY E H, et al. Preparation and properties of HgTe and mixed crystals of HgTe-CdTe[J]. Journal of Physics and Chemistry of Solids, 1959, 9(3-4): 325-329.

[10] 褚君浩. 窄禁带半导体物理学[M]. 北京:科学出版社, 2005.

[11] 杨建荣. 碲镉汞材料物理与技术[M]. 北京:国防工业出版社, 2012.

[12] HE L, WU Y, CHEN L, et al. Composition control and surface defects of

MBE-grown HgCdTe[J]. Journal of Crystal Growth, 2001, 227/228: 677-682.

[13] IZHNIN I I, IZHNIN A I, SAVYTSKYY H V, et al. Defects in HgCdTe grown by molecular beam epitaxy on GaAs substrates[J]. Opto-Electronics Review, 2012, 20(4): 375-378.

[14] HE L, CHEN L, WU Y, et al. MBE HgCdTe on Si and GaAs substrates[J]. Journal of Crystal Growth, 2007, 301/302: 268-272.

[15] 马丽芹.半导体光电探测器中载流子输运过程研究[D].长沙:国防科学技术大学,2005.

[16] 江天,程湘爱,許中杰,等.光伏型碲镉汞探测器在波段内连续激光辐照下的两种不同过饱和现象的产生机理[J].物理学报,2013,62(9):395-404.

[17] 钟海荣,刘天华,陆启生,等.激光对光电探测器的破坏机理研究综述[J].强激光与粒子束,2000,12(4):423-428.

[18] 钟海荣,刘天华,陆启生,等.光电探测器的激光破坏(损伤)阈值分析[J].激光杂志,2001,22(4):1-5.

[19] ROGALSKI A. HgCdTe infrared detector material: history, status and outlook[J]. Reports on Progress in Physics, 2005, 68(10): 2267.

[20] TRIBOLET P, CHATARD J P, COSTA P, et al. Progress in HgCdTe homojunction infrared detectors[J]. Journal of Crystal Growth, 1998, 184/185: 1262-1271.

[21] TUNG T, KALISHER M H, STEVENS A P, et al. Liquid-phase epitaxy of $Hg_{1-x}Cd_xTe$ from Hg solution: a route to infrared detector structures[J]. MRS Online Proceedings Library, 1986, 90(1): 321.

[22] 叶振华,吴俊,胡晓宁,等.碲镉汞 p^+-on-n 长波异质结探测器的研究[J].红外与毫米波学报,2004,23(6):423-426.

[23] SILIQUINI J F, DELL J M, MUSCA C A, et al. Scanning laser microscopy of reactive ion etching induced n-type conversion in vacancy-doped p-type HgCdTe[J]. Applied Physics Letters, 1997, 70(25): 3443-3445.

[24] GARG A, KAPOOR A, TRIPATHI K N, et al. Laser induced damage

studies in mercury cadmium telluride[J]. Optics & Laser Technology, 2007, 39(7): 1319 – 1327.

[25] HESS G T, SANDERS T J. HgCdTe double-layer heterojunction detector device[C]//Proceedings of SPIE, 2000, 4028: 353 – 364.

[26] WENUS J, RUTKOWSKI J, ROGALSKI A. Two-dimensional analysis of double-layer heterojunction HgCdTe photodiodes[C]//Proceedings of SPIE, 2001, 4288: 335 – 344.

[27] ROGALSKI A. Heterostructure HgCdTe photovoltaic detectors[C]//Proceedings of SPIE, 2001, 4355: 1 – 14.

[28] MUSCA C A, DELL J M, PARAONE L, et al. Laser beam induced current as a tool for HgCdTe photodiode characterisation[J]. Microelectronics Journal, 2000, 31(7): 537 – 544.

[29] KINCH M A, CHANDRA D, SCHAAKE H F, et al. Arsenic-doped mid-wavelength infrared HgCdTe photodiodes[J]. Journal of Electronic Materials, 2004, 33(6): 590 – 595.

[30] D'SOUZA A I, STAPELBROEK M G, BRYAN E R, et al. HgCdTe HDVIP detectors and FPAs for strategic applications[C]//Proceedings of SPIE, 2003, 5074: 146 – 156.

[31] WHITE J K, ANTOSZEWSKI J, PAL R, et al. Passivation effects on reactive-ion-etch-formed n-on-p junctions in HgCdTe[J]. Journal of Electronic Materials, 2002, 31(7): 743 – 748.

[32] 叶振华,陈奕宇,张鹏. 碲镉汞红外探测器的前沿技术综述[J]. 红外, 2014, 35(2): 1 – 8.

[33] WALLMARK J T. A new semiconductor photocell using lateral photoeffect[J]. Proceedings of the IRE, 1957, 45(4): 474 – 483.

[34] BAJAJ J, BUBULAC L O, NEWMAN P R, et al. Spatial mapping of electrically active defects in HgCdTe using laser beam-induced current[J]. Journal of Vacuum Science & Technology A, 1987, 5(5): 3186 – 3189.

[35] REDFERN D A, FANG W, ITO K, et al. Investigation of laser beam-induced current techniques for heterojunction photodiode characterization[J]. Journal of Applied Physics, 2005, 98(3): 034501.1–034501.9.

[36] SILIQUINI J F, DELL J M, MUSCA C A, et al. Estimation of doping density in HgCdTe p-n junctions using scanning laser microscopy[J]. Applied Physics Letters, 1998, 72(1): 52–54.

[37] HU W D, CHEN X S, YE Z H, et al. Polarity inversion and coupling of laser beam induced current in As-doped long-wavelength HgCdTe infrared detector pixel arrays: experiment and simulation[J]. Applied Physics Letters, 2012, 101(18): 1–5.

[38] FENG A L, LI G, HE G, et al. The role of localized junction leakage in the temperature-dependent laser-beam-induced current spectra for HgCdTe infrared focal plane array photodiodes[J]. Journal of Applied Physics, 2013, 114(17): 173107–1–173107–5.

[39] FENG A L, LI G, HE G, et al. Dependence of laser beam induced current on geometrical sizes of the junction for HgCdTe photodiodes[J]. Optical and Quantum Electronics, 2014, 46(10): 1277–1282.

[40] REDFERN D A, THOMAS J A, MUSCA C A, et al. Diffusion length measurements in p-HgCdTe using laser beam induced current[J]. Journal of Electronic Materials, 2001, 30(6): 696–703.

[41] MUSCA C A, REDFERN D A, SMITH E P G, et al. Junction depth measurement in HgCdTe using laser beam induced current (LBIC)[J]. Journal of Electronic Materials, 1999, 28(6): 603–610.

[42] FANG W F, ITO K, REDFERN D A. Parameter identification for semiconductor diodes by LBIC imaging[J]. SIAM Journal on Applied Mathematics, 2002, 62(6): 2149–2174.

[43] QIU W C, HU W D, LIN T E, et al. Temperature-sensitive junction transformations for mid-wavelength HgCdTe photovoltaic infrared detector

arrays by laser beam induced current microscope[J]. Applied Physics Letters, 2014, 105(19): 191106-1-191106-4.

[44] GLUSZAK E A, HINCKLEY S. Contactless junction contrast of HgCdTe n-on-p-type structures obtained by reactive ion etching induced p-to-n conversion[J]. Journal of Electronic Materials, 2001, 30(6): 768-773.

[45] ZHA F X, ZHOU S M, MA H L, et al. Laser drilling induced electrical type inversion in vacancy-doped p-type HgCdTe[J]. Applied Physics Letters, 2008, 93(15): 151113-1-151113-3.

[46] ZHA F X, LI M S, SHAO J, et al. Femtosecond laser-drilling-induced HgCdTe photodiodes[J]. Optics Letters, 2010, 35(7): 971-973.

[47] QIU W C, CHENG X A, WANG R, et al. Novel signal inversion of laser beam induced current for femtosecond-laser-drilling induced junction on vacancy-doped p-type HgCdTe[J]. Journal of Applied Physics, 2014, 115(20): 204506-1-204506-5.

[48] REISINGER A R, WEAVER F J, RADER M A, et al. Thermal effects in Hg-diffused long-wave infrared HgCdTe photodiodes[J]. Journal of Applied Physics, 1992, 71(1): 483-488.

[49] REINE M B, MARCINIEC J W, WONG K K, et al. Characterization of HgCdTe MWIR back-illuminated electron-initiated avalanche photodiodes[J]. Journal of Electronic Materials, 2008, 37(9): 1376-1386.

[50] REINE M B, MARCINIEC J W, WONG K K, et al. HgCdTe MWIR back-illuminated electron-initiated avalanche photodiode arrays[J]. Journal of Electronic Materials, 2007, 36(8): 1059-1067.

[51] KERLAIN A, BONNOUVRIER G, RUBALDO L, et al. Performance of mid-wave infrared HgCdTe e-avalanche photodiodes[J]. Journal of Electronic Materials, 2012, 41(10): 2943-2948.

[52] ROTHMAN J, PERRAIS G, DESTEFANIS G, et al. High performance characteristics in PIN MW HgCdTe e-APDs[C]//Proceedings of SPIE,

2007, 6542: 654219-1-654219-10.

[53] ROTHMAN J, MOLLARD L, BOSSON S, et al. Short-wave infrared HgCdTe avalanche photodiodes[J]. Journal of Electronic Materials, 2012, 41(10): 2928-2936.

[54] BECK J, WOODALL M, SCRITCHFIELD R, et al. Gated IR imaging with 128×128 HgCdTe electron avalanche photodiode FPA[C]//Proceedings of SPIE, 2007, 6542: 654217-1-1654217-18.

[55] 顾仁杰, 沈川, 王伟强, 等. MBE 生长的 PIN 结构碲镉汞红外雪崩光电二极管[J]. 红外与毫米波学报, 2013, 32(2): 136-140.

[56] 郝国强. InGaAs 红外探测器器件与物理研究[D]. 上海: 中国科学院上海微系统与信息技术研究所, 2006.

[57] POROD W, FERRY D K. Modification of the virtual-crystal approximation for ternary Ⅲ-Ⅴ compounds[J]. Physical Review B, 1983, 27(4): 2587-2589.

[58] LIAO S K, CAI W Q, LIU W Y, et al. Satellite-to-ground quantum key distribution[J]. Nature, 2017, 549(7670): 43-47.

[59] REN J G, XU P, YONG H L, et al. Ground-to-satellite quantum teleportation[J]. Nature, 2017, 549(7670): 70-73.

[60] CAO S Y, ZHAO Y, FENG S, et al. Theoretical analysis of InGaAs/InAlAs single-photon avalanche photodiodes[J]. Nanoscale Research Letters, 2019, 14(1): 3.

[61] LEI W, ANTOSZEWSKI J, FARAONE L, et al. Progress, challenges, and opportunities for HgCdTe infrared materials and detectors[J]. Applied Physics Letters, 2015, 2: 041303.

[62] KOCER H, ARSLAN Y, BESIKCI C. Numerical analysis of long wavelength infrared HgCdTe photodiodes[J]. Infrared Physics & Technology, 2012, 55(1): 49-55.

[63] NGUYEN T, MUSCA C A, DELL J M, et al. Dark currents in long

wavelength infrared HgCdTe gated photodiodes[J]. Journal of Electronic Materials, 2004, 33(6): 621-629.

[64] BOIERIU P, GREIN C H, GARLAND J, et al. Effects of hydrogen on majority carrier transport and minority carrier lifetimes in long-wavelength infrared HgCdTe on Si[J]. Journal of Electroinc Materials, 2006, 35(6): 1385-1390.

[65] GRAVRAND O, CHORIER P. Status of very long infrared wave focal plane array development at DEFIR[C]//Proceedings of SPIE, 2009, 7298: 729821.

[66] LOTFI H, LI L, YE H, et al. Interband cascade infrared photodetectors with long and very-long cutoff wavelengths[J]. Infrared Physics & Technology, 2015, 70: 162-167.

[67] GENET C, EBBESEN T W. Light in tiny holes[J]. Nature, 2007, 445(7123): 39-46.

[68] KIM Y H, BAE S H, LEE H C, et al. Surface leakage current analysis of ion implanted ZnS-passivated n-on-p HgCdTe diodes in weak inversion[J]. Journal of Electronic Materials, 2000, 29(6): 832-836.

[69] GOPAL V, XIE X H, LIAO Q J, et al. Analytical modelling of carrier transport mechanisms in long wavelength planar n^+-p HgCdTe photovoltaic detectors[J]. Infrared Physics & Technology, 2014, 64: 56-61.

[70] JOZWIKOWSKA A, JOZWIKOWSKI K, ANTOSZEWSKI J, et al. Generation-recombination effects on dark currents in CdTe-passivated midwave infrared HgCdTe photodiodes[J]. Journal of Applied Physics, 2005, 98(1): 014504.

[71] ROGALSKI A, CIUPA R. Theoretical modeling of long wavelength n^+-on-p HgCdTe photodiodes[J]. Journal of Applied Physics, 1996, 80(4): 2483-2489.

[72] MOLLARD L, BOURGEOIS G, LOBRE C, et al. p-on-n HgCdTe infrared focal-plane arrays: from short-wave to very-long-wave infrared[J]. Journal of Electronic Materials, 2014, 43(3): 802-807.

[73] NORTON P. HgCdTe infrared detectors[J]. Opto-Electronics Review, 2002, 10(3): 159 – 174.

[74] MAIMON S, WICHS G W. nBn detector, an infrared detector with reduced dark current and higher operating temperature[J]. Applied Physics Letters, 2006, 89(15): 151109 – 1 – 151109 – 3.

[75] ITSUNO A M, PHILLIPS J D, VELICU S. Design and modeling of HgCdTe nBn detectors[J]. Journal of Electronic Materials, 2011, 40(8): 1624 – 1629.

[76] SAVICH G R, PEDRAZZANI J R, SIDOR D E, et al. Benefits and limitations of unipolar barriers in infrared photodetectors[J]. Infrared Physics & Technology, 2013, 59: 152 – 155.

[77] ITSUNO A M, PHILLIPS J D, VELICU S. Mid-wave infrared HgCdTe nBn photodetector[J]. Applied Physics Letters, 2012, 100(16): 161102 – 1 – 161102 – 3.

[78] KOPYTKO M. Design and modelling of high-operating temperature MWIR HgCdTe nBn detector with n- and p-type barriers[J]. Infrared Physics & technology, 2014, 64: 47 – 55.

[79] KOPYTKO M, JOZWIKOWSKI K. Numerical analysis of current-voltage characteristics of LWIR nBn and p-on-n HgCdTe photodetectors[J]. Journal of Electronic Materials, 2013, 42(11): 3211 – 3216.

[80] ITSUNO A M, PHILLIPS J D, VELICU S. Design of an Auger-suppressed unipolar HgCdTe NBυN photodetector[J]. Journal of Electronic Materials, 2012, 41(10): 2886 – 2892.

[81] ROGALSKI A, MARTYNIUK P. Mid-wavelength infrared nBn for HOT detectors[J]. Journal of Electronic Materials, 2014, 43(8): 2963 – 2969.

[82] MARTYNIUK P, ROGALSKI A. Modelling of MWIR HgCdTe complementary barrier HOT detector[J]. Solid-State Electronics, 2013, 80: 96 – 104.

[83] SCHIRMACHER W, WOLLRAB R, LUTZ H, et al. Processing of LPE-

grown HgCdTe for MWIR devices designed for high operating temperatures[J]. Journal of Electronic Materials, 2014, 43(8): 2778 - 2782.

[84] MARTYNIUK P, GAWRON W, PUSZ W, et al. Modeling of HOT (111) HgCdTe MWIR detector for fast response operation [J]. Optical and Quantum Electronics, 2014, 46(10): 1303 - 1312.

第 2 章

红外探测器的基本理论与模拟仿真方法

HgCdTe、InSb、InGaAs 等红外探测器作为一种重要的红外探测技术，经历半个多世纪的发展，形成了单色/多色探测、覆盖不同波段、三维成像等红外探测体系，并广泛应用于军事和民用的各个领域。在这些红外探测器中，暗电流始终是影响器件性能的关键因素。因此，揭示半导体器件的暗电流机制，分析和提炼器件的主导暗电流成分，对于下一步从工艺和结构上改进器件性能具有至关重要的指导意义。经过多年的发展，窄带隙半导体红外探测器暗电流产生的基本理论已经逐步成熟和完善。通过建立合适的红外器件物理模型，结合实际工艺，可以准确分析红外探测器的暗电流特性，了解制约器件性能的内在物理因素，从而改进器件制备的工艺流程。

2.1 红外探测器漏电流的基本理论

器件漏电流是指器件在无任何红外辐射下流经 p-n 结的电流，是反映器件性能的特性参数。器件暗电流和器件漏电流的定义相类似，经常容易被混淆。两者唯一的区别是器件暗电流不排除背景辐射的因素，只有当背景辐射被抑制得很小时，器件暗电流才等同于漏电流。器件漏电流的大小与反偏压和温度密切相关。当器件处于零偏压时，提高器件的零偏结阻抗 R_0，可以有效地减小器件的暗电流大小。随着反偏压的增大，扩散电流达到饱和。当反偏压继续增大时，p-n 结区会出现较大的产生-复合电流、隧穿电流以及碰撞激化电离电流，导致器件漏电流急剧上升。而且，温度的变化也会直接影响各个暗电流成分的大小。除了以上漏电流成分，窄带隙红外光伏器件，尤其是长波器件，还存在与器件表面特性相关的表面漏电流。因此，总的器件漏电流 I_{dark} 是扩散电流 I_{diff}、产生-复合电流 I_{g-r}、直接隧穿电流 I_{bbt}、陷阱辅助隧穿电流 I_{tat}、碰撞激化电离电流 I_{IMP} 和表面漏电流 I_{surf} 之和：

$$I_{dark} = I_{diff} + I_{g-r} + I_{bbt} + I_{tat} + I_{IMP} + I_{surf} \tag{2.1}$$

目前，针对窄带隙红外器件的漏电流产生机理开展了大量的实验研究，形成了漏电流与材料参数、工艺流程相关的较完整的理论描述，下面将详细介绍 HgCdTe 探测器中各种漏电流的产生机制。

2.1.1 扩散电流

一个理想的扩散电流限光伏器件，是高性能红外探测器的典型特征。扩散电流 I_{diff} 是该类器件的主导暗电流机制，可以用普通的二极管方程描述：

$$I_{diff} = J_{diff} \cdot A = A \cdot \left(\frac{qD_n n_{p0}}{L_n} + \frac{qD_p n_{n0}}{L_p} \right) \left[\exp\left(\frac{qV_{bias}}{kT} \right) - 1 \right] \tag{2.2}$$

式中：n_{n0}、n_{p0} 分别为 n 区和 p 区材料的少子浓度；V_{bias} 为偏置电压；扩散长度 $L_{n,p}$ 和扩散系数 $D_{n,p}$ 表达式详见公式（1.1）和（1.2）。从公式（1.1）和（2.2）可以看出，器件的扩散电流与少子浓度和迁移率成正相关关系。基于这一原理，以 HgCdTe 材料为例，由于其电子迁移率远大于空穴迁移率（$\mu_n \approx 100\mu_p$），使用 p-on-n 结构能够有效地降低器件的扩散电流。当 p-n 结为突变结，少子扩散长度小于 n 区和 p 区厚度时，公式（2.2）需要进行修正。单边重掺杂突变结 n^+-on-p 和 p^+-on-n 是 HgCdTe 光伏器件最典型的两种结构。

对于 n^+-on-p 型结构，p_{n0} 和 μ_p 值都相对较小，因此扩散电流表达式可以简化为：

$$I_{\text{diff}} = A \cdot \frac{qn_i^2}{N_a} \left(\frac{kT\mu_e}{q\tau_e} \right)^{1/2} \left[\exp\left(\frac{qV_{\text{bias}}}{kT} \right) - 1 \right] \quad (2.3)$$

式中：n_i 为材料本征浓度；N_a 为 p 区 HgCdTe 材料的受主浓度。从公式（2.3）可以看出，对于 n^+-on-p 型 HgCdTe 光伏器件，器件的扩散电流只与 p 区材料参数相关。

对于 p^+-on-n 型结构，情况更复杂一些，如果电子的扩散长度大于 n 区厚度 l，此时的扩散电流将改写成：

$$I_{\text{diff}} = A \cdot \frac{qn_i^2 l}{(N_d + 2n_i)\tau} \left[\exp\left(\frac{qV_{\text{bias}}}{kT} \right) - 1 \right] \quad (2.4)$$

式中：τ 为耗尽区的有效载流子寿命。

2.1.2　产生–复合电流

产生–复合电流是半导体材料中电子–空穴对在 p-n 结耗尽区激发和复合过程所产生的电流。产生–复合电流产生的原因主要包括非本征的 Shockley–Read–Hall（SRH）复合、固有的俄歇复合和辐射复合过程。p-n 结耗尽区热激发所产生的电子–空穴对未完全复合，而且在内建电场的作用下被分开，形成反向电流。同时，p 区和 n 区的少子在穿越电荷耗尽区时，被复合形成正向电流。两者之和即为产生–复合电流，其表达式为：

$$\begin{cases} I_{\text{g-r}} = A \cdot \dfrac{qn_i w}{2\tau} \left[\exp\left(\dfrac{qV_{\text{bias}}}{kT} \right) - 1 \right] \\ w = \left[\dfrac{2\varepsilon(V_d - V_{\text{bias}})}{qN_a N_d} \right]^{1/2} \end{cases} \quad (2.5)$$

式中：w 为耗尽区宽度。由公式（2.5）可以得知，器件的产生–复合电流主要与耗尽区宽度 w、有效载流子寿命 τ 和材料本征浓度 n_i 相关。产生–复合电流 $I_{\text{g-r}}$ 与载流子本征浓度成正比，而扩散电流 I_{diff} 与本征载流子浓度的平方成正比。因而，当工作温度降低时，扩散电流主导的器件暗电流会逐渐过渡到以产生-复合电流为主导。由于红外半导体材料的带隙较窄，其主要的复合机制有 SRH 间接复合、俄歇复合、辐射复合。耗尽区的有效载流子寿命与各种复合机制所对应的少子寿命相关，总的少子寿命为：

$$\frac{1}{\tau} = \frac{1}{\tau_{SRH}} + \frac{1}{\tau_{Auger}} + \frac{1}{\tau_{rad}} \quad (2.6)$$

SRH 产生-复合电流主要与器件工艺中引入的陷阱浓度 N_t 及复合中心能级 E_t 相关，其物理过程如图 2.1 所示。材料中或多或少存在缺陷，这些缺陷会在半导体禁带中引入复合中心能级。复合中心能级可以出现在从价带到导带的任何位置。SRH 复合中心通常是由晶格缺陷或杂质引入，与器件制备工艺和材料质量息息相关。SRH 复合率的大小由电子和空穴的截面捕获系数 σ_n 和 σ_p 决定[1]：

$$R_{SRH} = \frac{\sigma_n \sigma_p v_{th} (n_0 p_0 - np) N_{trap}}{\sigma_n (n + n_1) + \sigma_p (p + p_1)} \quad (2.7)$$

n_1 和 p_1 分别代表费米能级与陷阱复合能级重合时的电子和空穴浓度：

$$\begin{cases} n_1 = N_c e^{-E_{trap}/k_B T} \\ p_1 = N_v e^{(E_{trap} - E_g)/k_B T} \end{cases} \quad (2.8)$$

式中：N_{trap} 为陷阱浓度；E_{trap} 为相对于导带的陷阱能级；v_{th} 为载流子的热运动速率。体材料中受限于陷阱复合的少子寿命为：

$$\begin{cases} \tau_{p0} = (\sigma_p N_t v_{th})^{-1} \\ \tau_{n0} = (\sigma_n N_t v_{th})^{-1} \end{cases} \quad (2.9)$$

结合公式（2.7）、（2.8）和（2.9），少子的 SRH 复合寿命为：

$$\tau_{SRH} = \frac{\tau_{n0} (p_0 + p_1) + \tau_{p0} (n_0 + n_1)}{p_0 + n_0} \quad (2.10)$$

电子和空穴对可以通过这些复合中心能级分级进行跃迁复合，增加了非平衡载流子的复合概率，大大减少了少子寿命。因而，在实际 HgCdTe 器件制备过程中，应该尽量降低引入复合中心的陷阱浓度。

辐射产生与复合过程是半导体材料一种重要的本征产生-复合机制，对于研究光致发光器件以及半导体激光器具有重要意义，其基本原理如图 2.1 所示。辐射复合过程是指载流子直接穿越禁带进行复合，并产生光子发射。

第 2 章
红外探测器的基本理论与模拟仿真方法

相反,辐射产生过程是指半导体材料吸收能量大于或等于禁带宽度的光子,产生电子-空穴对。辐射复合的寿命依赖于外部光子的吸收和发射,可以表达为:

$$\tau_{rad} = \frac{n_i^2}{B(n_0 + p_0)} \quad (2.11)$$

式中:B 为材料的辐射产生-复合系数。

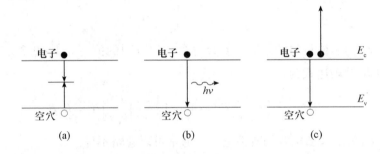

图 2.1 窄禁带半导体材料中的主要产生-复合机制

辐射复合率 R_{rad} 的表达式为:

$$R_{rad} = B_{rad}(np - n_i^2) \quad (2.12)$$

$$B_{rad} = \frac{1}{n_i^2} \frac{8\pi}{h^3 c^2} \int_0^\infty \frac{\varepsilon(E)\alpha(E)E^2 dE}{\exp\left(\frac{E}{kT}\right) - 1} \quad (2.13)$$

本征俄歇过程是窄带隙半导体材料中另一种重要的产生-复合机制,在导带、重空穴带和轻空穴带的能带结构中,俄歇的产生-复合过程包含 10 种不同的方式。第 1 种和第 7 种俄歇复合过程在半导体材料中最为显著。俄歇 1 复合过程是指电子与重空穴带空穴进行复合,产生的动能导致导带中另一个电子向更高能级转移。相反,其对应的载流子产生过程是指导带中高能量电子通过碰撞电离,激发重空穴带电子往导带跃迁,从而产生电子-空穴对。对于 n 型半导体材料,由于导带中有较多的电子,且空穴多位于价带中重空穴带,俄歇 1 复合过程起主导作用,如图 2.2 (a) 所示。

俄歇 1 复合对应的少子寿命为:

$$\tau_{A1} = \frac{1}{(n_0 + p_0)(B_1 n_0 + B_2 p_0)} \quad (2.14)$$

其中，产生-复合系数 B_1 的表达式为[2]：

$$B_1 = \frac{1}{2n_i^2 \tau_{A1}^i} \tag{2.15}$$

$$\tau_{A1}^i = \frac{3.8 \times 10^{-18} \times \varepsilon_\infty^2 \sqrt{1+r}\;(1+2r)}{\frac{m_e}{m_0} |F_1 F_2|^2 \left(\frac{k_B T}{E_g}\right)^{1/2}} \exp\left[\left(\frac{1+2r}{1+r}\right)\frac{E_g}{k_B T}\right] \tag{2.16}$$

$$r = \frac{m_e^*}{m_h^*} \tag{2.17}$$

式中：τ_{A1}^i 为本征材料的俄歇1复合寿命；$|F_1 F_2|$ 的值为 0.1~0.3。产生-复合系数 B_2 的表达式为：

$$B_{2(A1)} = \frac{\sqrt{r}\;(1+2r)}{2+r} \exp\left[-\left(\frac{1-r}{1+r}\right)\frac{E_g}{k_B T}\right] B_1 = B_A B_1 \tag{2.18}$$

式中：B_A 为空穴与空穴的碰撞电离，通常可以忽略不计。

对于 p 型半导体材料，俄歇7复合过程是主要的俄歇复合机制。俄歇7复合过程是指电子与重空穴带空穴进行复合，产生的动能导致价带中重空穴带空穴向轻空穴带转移。相反，其对应的载流子产生过程是指导带中轻空穴带空穴向重空穴带跃迁，从而激发空穴-电子对，如图2.2（b）所示。俄歇7复合过程对应少子寿命的计算与俄歇1类似，其参数 B_2 需修改为：

$$B_{2(A7)} = \left(B_A + \frac{1}{\gamma}\right) B_1 \tag{2.19}$$

$$\gamma = \frac{\tau_{A7}^i}{\tau_{A1}^i} = \gamma' \left(\frac{1 - \frac{5k_B T}{4E_g}}{1 - \frac{3k_B T}{2E_g}}\right) \tag{2.20}$$

式中：γ' 值约为6；本征材料俄歇7与俄歇1复合的少子寿命比值 γ 约为 3~60[3-5]。半导体材料的俄歇净复合率为[6]：

$$R_{Auger} = (B_1 n + B_2 p)(np - n_i^2) \tag{2.21}$$

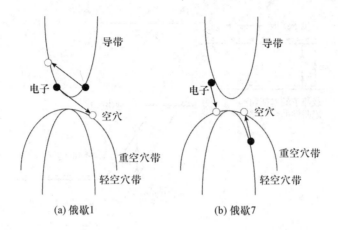

图 2.2　俄歇 1 和俄歇 7 复合过程的原理示意图

2.1.3　隧穿电流

隧穿电流分为载流子直接隧穿耗尽区势垒的直接隧穿电流和借助中间陷阱辅助能级隧穿耗尽区势垒的间接隧穿电流。直接隧穿电流又称带带隧穿电流，间接隧穿电流又称陷阱辅助隧穿电流。这两种隧穿电流都是半导体器件工作在一定反偏压下的重要暗电流成分，尤其是窄带隙的红外半导体器件。半导体材料本身由于工艺上的各种原因，会引入材料缺陷，在反偏压下，会极大地增大器件的陷阱辅助隧穿电流，严重影响器件性能。窄禁带半导体材料的带带隧穿和陷阱辅助隧穿效应示意图如图 2.3 所示。

在一定反偏压下，p 区价带中电子借助隧穿效应，直接穿越至 n 区导带，形成暗电流，这种直接隧穿电流密度的解析表达式为[7]：

$$J_{\mathrm{bbt}} = \frac{q^3 \sqrt{2m_{\mathrm{e}}^*} E \left(V_{\mathrm{bias}} - V_{\mathrm{d}} \right)}{4\pi^3 \hbar^2 \sqrt{E_{\mathrm{g}}}} \exp\left(-\frac{\pi \sqrt{m_{\mathrm{e}}^*/2} E_{\mathrm{g}}^{3/2}}{2qE\hbar} \right) \qquad (2.22)$$

式中：E_{g} 为材料的禁带宽度；m_{e}^* 为电子的有效质量。空间电荷区电场强度 E 可以近似为：

$$E = \frac{V_{\mathrm{bias}} - V_{\mathrm{d}}}{w} \qquad (2.23)$$

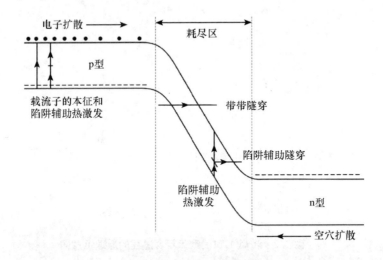

图 2.3 带带隧穿和陷阱辅助隧穿效应示意图

从表达式(2.22)可以看出,直接隧穿电流会随着反偏压的增大而增大,且强烈依赖于半导体的禁带宽度。

陷阱辅助隧穿电流是载流子借助陷阱辅助能级,分步穿越到导带,形成隧穿电流。其主要原理是:p区价带中电子通过热激发或隧穿效应被陷阱能级捕获,然后通过隧穿或热激发效应,进入n区导带形成隧穿漏电流。其电流密度理论计算公式为[8]:

$$J_{tat} = \frac{\pi^2 q^2 N_t m_e^* M^2 (V_{bias} - V_d)}{h^3 (E_g - E_t)} \exp\left[-\frac{\sqrt{3} E_g^2 F(a)}{8\sqrt{2} PE}\right] \quad (2.24)$$

$$F(a) = \frac{\pi}{2} + \arcsin(1-2a) + 2 \times (1-2a)\sqrt{a(1-a)} \quad (2.25)$$

$$a = \frac{E_t}{E_g} \quad (2.26)$$

式中:E_t 和 N_t 分别为陷阱能级和陷阱浓度;P 为 Kane 矩阵元,约为 $8.49 \times 10^{-8} \text{eV} \cdot \text{cm}$[9]。由于实际 HgCdTe 材料存在一些杂质缺陷,在小反偏压下,陷阱辅助隧穿效应通常是器件的主导暗电流之一。从公式(2.24)~(2.26)可以看出,陷阱辅助隧穿效应与材料的禁带宽度、陷阱能级和陷阱浓度息息相关。组分 x 越小,禁带宽度 E_g 越小,隧穿的概率就越大,陷阱辅助隧穿电流也就越强。

抑制隧穿电流常见的方法是改进器件结构，增加耗尽区的宽度。在 B^+ 注入成结工艺中，HgCdTe 采用普通的热处理工艺，使得注入区 Hg 原子往里进行填隙扩散，从而形成 n^+-n^--on-p 缓变结构替代以前的 n^+-on-p 结构。n^+-n^--on-p 缓变结构将耗尽层从 p 区转移到掺杂浓度和陷阱浓度更低的 n^- 区，使得隧穿电流大大降低。典型 HgCdTe 光伏器件的 $I-V$ 曲线如图 2.4 所示。从器件不同温度下的 $I-V$ 曲线可以看出，在小反偏压下，器件的暗电流逐步趋于饱和，此时器件暗电流由扩散电流主导。当反偏压上升时，器件暗电流迅速上升，这主要是由器件的隧穿效应引起的。同时，温度越低，隧穿效应越明显，这主要是温度降低，HgCdTe 材料的禁带宽度变小导致的。

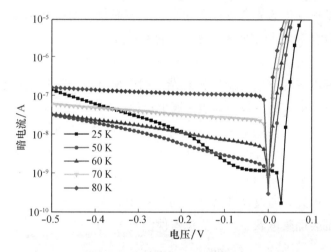

图 2.4　典型 HgCdTe 光伏器件的 $I-V$ 曲线（见彩插）

2.1.4　碰撞激化电离电流

碰撞激化电离过程的发生需要器件工作在一定的反偏压下，背景光激发载流子在耗尽区加速运动时，获得足够强的动能，通过碰撞激发出新的电子-空穴对，从而产生碰撞激化电离电流。Elliott 等[10]在研究 n^+-on-p 型 HgCdTe 光伏器件的 $I-V$ 曲线时发现，器件的暗电流随反偏压的增加趋势明显慢于隧穿效应产生的电流趋势，且该器件暗电流与光强呈线性关系。结果表明，n^+-on-p 型 HgCdTe 光伏器件暗电流中存在碰撞激化电离电流。

2.1.5 表面漏电流

前文讨论的都是体材料的产生-复合过程。实际上，表面杂质或缺陷使得器件表面存在大量的表面态。达姆在 1932 年提出，表面处晶格的断裂使得周期性势场受到破坏，也会引起表面产生附加能级。载流子达到器件表面时会在表面加速复合消失，严重影响器件性能。表面复合是指非平衡载流子在器件表面处所发生的复合过程，通常采用表面复合速率来衡量表面复合的快慢。表面复合率 U_s 与表面复合速率 s 的关系为：

$$U_s = s \cdot (\Delta p)_s \tag{2.27}$$

表面漏电流的产生机制比较复杂，同样也可以分为扩散电流、产生-复合电流、隧穿电流等，目前对表面漏电流的产生完整机制还没有明确的定论。材料表面容易形成固定电荷，影响近表面的耗尽区宽度。栅控二极管结构是研究近表面耗尽区宽度变化对 HgCdTe 光伏器件性能影响的典型结构，如图 2.5 所示。改变栅压的大小，就可以改变器件近表面处的耗尽区状态，影响器件性能。因此，通过调控栅压，可以找出长波器件经过表面钝化工艺处理后最原始的表面带电状态，以优化器件性能。

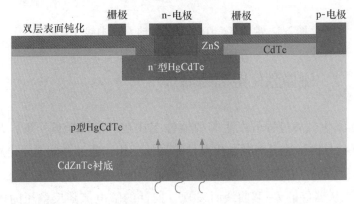

图 2.5　$n-on-p$ 型栅控 HgCdTe 长波光伏器件的结构示意图

Nguyen等[11]对栅压进行连续改变,研究了该器件的暗电流变化,如图2.6所示。当器件加上正的栅压后,器件暗电流迅速上升。而当器件加上负栅压后,器件暗电流迅速下降,到-8~-6 V的栅压范围时,器件暗电流降到最低,之后随着负栅压的继续增大,器件暗电流又开始上升。根据该器件暗电流随栅压变化的特点,可以将不同栅压下器件近表面处的耗尽区状态划分为表面耗尽区、表面中性区、表面积累区、表面强积累区。

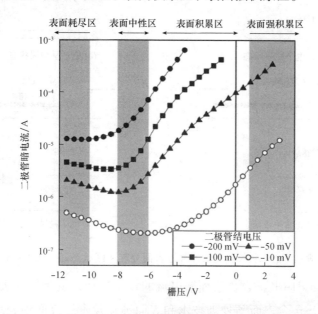

图2.6 n-on-p型栅控HgCdTe长波光伏器件暗电流随栅压的变化曲线[11]

当未加栅压时,初始器件表面带有正的固定电荷,近表面耗尽区处于电子积累状态,导致耗尽区宽度变窄,易产生隧穿暗电流,器件性能较低($R_0A \approx 10\ \Omega \cdot cm^{-2}$),如图2.7(a)所示。当器件添加正栅压时,近表面耗尽区处于电子强积累状态,宽度进一步变窄,隧穿电流迅速上升,如图2.7(b)所示。当器件添加负栅压时,近表面耗尽区电场减弱,耗尽宽度增大,大大降低了器件表面隧穿电流。栅压为-8~-6 V时,耗尽区宽度变回正常状态,此时器件性能最佳,如图2.7(c)所示。但当负栅压继续增大时,近表面处电子处于耗尽状态,扩展了表面的耗尽区域,增大了此时器件的表面产生-复合电流，降低了器件性能，如图2.7（d）所示。

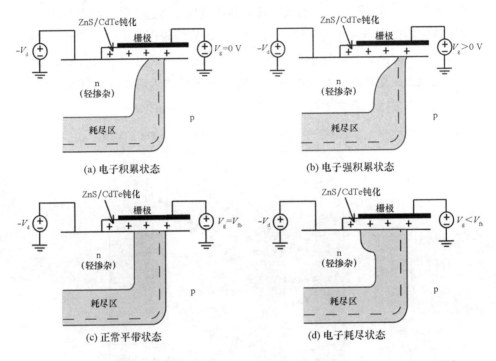

图2.7 栅控HgCdTe长波光伏器件近表面处耗尽区状态随栅压的变化示意图[11]

降低HgCdTe长波器件表面漏电流的技术途径，就是做好表面处理工艺。表面处理工艺包含表面预处理技术和表面钝化技术。表面预处理技术包含表面清洗、退火工艺等，表面预处理过程对于做好后续的表面钝化至关重要。最常见的表面钝化处理技术有阳极氧化、ZnS或CdTe钝化、复合钝化膜技术等。其中，阳极氧化能够使HgCdTe表面的悬挂键被氧原子所饱和，大大降低表面态密度。复合钝化膜技术是目前抑制HgCdTe器件表面漏电流的主流技术。首先采用ZnS对器件表面进行第一层钝化，增强表面钝化膜的绝缘性，实现表面耗尽区的平带结构；然后在此基础上进行CdTe的钝化，双层膜钝化技术能够在一定程度上改善器件性能。

检验一个器件是否存在或存在多大的表面漏电流，可以通过分析器件漏电流与器件光敏面积的关系得出。器件总的漏电流密度为：

$$J_d = J_{bulk} + J_{surf} \cdot p/A \tag{2.28}$$

式中：J_{bulk}为器件内部漏电流密度（不包含表面漏电流）；J_{surf}为与器件 p-n 结周长相关的表面漏电流线密度。当表面漏电流 I_{surf} 不存在时，器件的漏电流密度（或 R_0A 值）与器件光敏元大小 A 无关。器件采用不同表面钝化工艺下的 R_0A 值与光敏元尺寸 r 的关系曲线如图 2.8 所示[12]。结果表明，器件的表面漏电流大小与表面钝化工艺有很大的关系。其中，未进行表面钝化的器件表面暗电流最大，性能最低。

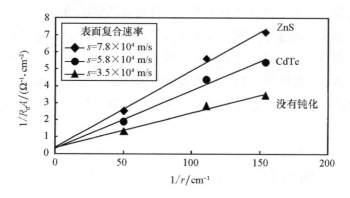

图 2.8 长波 HgCdTe 光伏器件采用不同表面钝化工艺下的 R_0A 值与光敏元尺寸 r 的关系曲线[12]

2.2 器件仿真模型及方法

器件模拟仿真是分析半导体器件电学性能最直接、最有效的方法之一。Hg—Cd化学键的脆弱性导致 HgCdTe 材料中汞元素存在非稳定性，加上复杂的 HgCdTe 器件制造工艺，器件性能出现难以预料的离散型。因此，应建立不同条件下与实验结果相关联的精确物理模型，获取真实半导体红外探测器的暗电流主导机制和特征参数变化规律。将器件内在的特征参数与暗电流主导机制的变化相结合，探索掺杂浓度、陷阱浓度和能级、少子寿命、表面态对半导体红外探测器暗电流特性的影响机制，最终将控制器件性能的关键物理量与工作温度和工艺流程进行关联，可以为改进或优化半导体器件的性能提供理论依据和设计工具。目前，半导体红外器件的模拟方法主要分为解析模型和数值仿真两种方法。解析模型方法是采用器件各种暗电流机制的解析模型，对真实器件的 $I-V$ 或 $R-V$ 电学特性曲线进行同时拟合来分析器件性能的方法。器件各种暗电流机制的解析模型大都是在理想的情况下进行简化、近似得出的，因此解析模型方法所得出的特征参数变化规律通常需要进一步经受实验和理论分析的检验，且无法分析结构较复杂的器件性能。数值仿真方法是通过建立与真实半导体红外探测器相关的器件结构模型，考虑载流子的连续性方程、电流方程以及泊松方程，可结合具体的情况灵活添加器件的产生－复合过程，如隧穿过程、雪崩过程等器件物理机制，对器件的电学特性曲线进行拟合分析。相比过去常用的解析模型方法，该方法更贴近实际的半导体红外器件物理图像，同时能够提供更多的物理信息，如载流子的浓度分布、能带结构、电流分布等，适用于各种结构和探测功能的半导体红外器件分析。

2.2.1 解析模型方法

前面已经对半导体红外光伏器件的暗电流产生理论进行了详细的讲解。考虑到暗电流产生的四种主要机制是扩散电流（I_{diff}）、产生－复合电流（$I_{\text{g-r}}$）、带带隧穿电流（I_{bbt}）和陷阱辅助隧穿电流（I_{tat}），通过对这四种漏电流的解析公式（2.3）、（2.5）、（2.22）和（2.24）进行电压偏微分，可以获得与其相关联的微分电阻 R_{diff}、$R_{\text{g-r}}$、R_{bbt} 和 R_{tat}。总的器件动态电阻表达式为：

$$R_{\text{fit}} = \left(\frac{1}{R_{\text{diff}}} + \frac{1}{R_{\text{g-r}}} + \frac{1}{R_{\text{bbt}}} + \frac{1}{R_{\text{tat}}} \right)^{-1} + R_{\text{s}} \quad (2.29)$$

式中：R_{s} 为器件串联电阻。

采用公式（2.29）对简单 n^+-on-p 型半导体红外光伏器件的 $R-V$ 实验曲线进行拟合分析，可以得出器件在不同电压阶段的主导暗电流成分，同时可以提取出器件以下主要参数：掺杂浓度 N_{d}、空间电荷区有效载流子寿命 τ_0、电子迁移率与寿命之比 $\mu_{\text{n}}/\tau_{\text{n}}$、陷阱能级相对位置 $E_{\text{t}}/E_{\text{g}}$、陷阱浓度 N_{t} 和

串联电阻值 R_s。

殷菲[13]采用解析模型方法对不同温度下的 As 掺杂 HgCdTe 器件暗电流特性进行了拟合分析。采用 LPE 技术在 CdZnTe 衬底上生长出 As 掺杂 p 型 $Hg_{1-x}Cd_xTe$ ($x\approx 0.231\ 2$)材料，经 B^+ 注入形成 n^+-on-p 平面结，再进行 ZnS 和 CdTe 双层膜表面钝化，获得 HgCdTe 长波光伏器件样品。通过对器件在 41 K、62 K、82 K 和 100 K 温度下的 $R-V$ 曲线进行解析拟合分析，结果表明，在零偏压下时，低温 41 K 和 62 K 器件的暗电流由产生－复合电流和陷阱辅助隧穿电流主导，当温度升高至 82 K 时，器件转由产生－复合电流和扩散电流主导。在小反偏压下，低温时器件暗电流由产生－复合电流和陷阱辅助隧穿电流主导，随着温度的升高，扩散电流增大，逐渐转变为以扩散电流和产生－复合电流为主导，温度到达 100 K 时，器件以扩散电流为主。在较大反偏压下，器件暗电流由隧穿电流，特别是陷阱辅助隧穿电流主导。

2.2.2 数值仿真方法

器件数值仿真方法是先通过建立器件的虚拟或模型结构，然后求解半导体器件物理方程，对该器件的光电性能进行计算模拟。因此，器件数值仿真方法可以被简单认为是对半导体器件光电特性的虚拟测量。半导体器件物理的基本偏微分方程采用成熟的有限元方法进行求解。通过灵活的网格划分，将复杂的器件结构划分为离散化的有限元结构，以便计算界面处快速变化的物理量。在有限元结构的每个网格点上都包含着计算用的所有材料性质，如材料的掺杂类型、掺杂浓度、载流子迁移率、组分等。电极作为边界条件，可以施加电压。通过器件模拟计算，得到每一个网格点的电流密度、电场强度、能带、产生率和复合率等物理信息，并可以提取边界触点处的电流。

1. 器件物理模型

在器件数值仿真过程中，需要求解半导体器件的载流子输运模型。目前，主要的载流子输运模型包括漂移－扩散模型、热力学模型和流体动力学模型。每种载流子输运模型的适用范围不同，最简单最常见的是采用漂移－扩散模型，其包含了载流子的连续性方程、电流方程、泊松方程。

电子和空穴的连续性方程为：

$$\nabla \cdot \boldsymbol{J}_n = q(R - G) + q\frac{\partial n}{\partial t} \tag{2.30}$$

$$\nabla \cdot \boldsymbol{J}_p = q(R - G) - q\frac{\partial p}{\partial t} \tag{2.31}$$

式中：G 为载流子的产生率；R 为载流子的复合率。

泊松方程为：

$$\nabla \varepsilon \cdot \nabla \psi = -q(p - n + N_{D+} - N_{A-}) \tag{2.32}$$

电子和空穴电流密度可表示为：

$$\boldsymbol{J}_n = qn\mu_n \boldsymbol{E}_n + qD_n \nabla n \tag{2.33}$$

$$\boldsymbol{J}_p = qp\mu_p \boldsymbol{E}_p - qD_p \nabla p \tag{2.34}$$

式中：n 和 p、$\boldsymbol{J}_n$ 和 $\boldsymbol{J}_p$、D_n 和 D_p、$\boldsymbol{E}_n$ 和 $\boldsymbol{E}_p$、μ_n 和 μ_p 分别为电子和空穴的浓度、电流密度、扩散系数、有效电场强度和迁移率；ε 为半导体材料的介电常数；q 为电子电荷；ψ 为静电势。

光激发产生过程可以描述为：

$$G^{\text{opt}}(z,t) = J(x,y,z_0)\alpha(\lambda,z)\exp\left[-\left|\int_{z_0}^{z}\alpha(\lambda,z)\mathrm{d}z\right|\right] \tag{2.35}$$

式中：$\alpha(\lambda,z)$ 为半导体红外材料的吸收系数；λ 为入射光波长；$J(x,y,z_0)$ 为光强度；z_0 为光入射器件表面的起始位置。

载流子的产生-复合过程可以根据半导体红外器件的实际工作情况来进行取舍。半导体红外探测器主要产生-复合过程包括 SRH 复合、辐射复合和俄歇复合过程。其相应的表达式见公式（2.7）、（2.12）和（2.21）。

当器件工作在较大反偏压下时，隧穿效应产生的暗电流不能忽略。陷阱辅助隧穿和带带隧穿可以当作特殊的产生-复合过程而加入其中。根据公式（2.22）带带隧穿效应的产生率可表示为[14-15]：

$$G_{\text{bbt}} = A_{\text{bbt}} \cdot \boldsymbol{E}^2 \cdot \exp\left(-\frac{B_{\text{bbt}}}{\boldsymbol{E}}\right) \tag{2.36}$$

$$\begin{cases} A_{bbt} = -\dfrac{q^2}{4\pi^3 \hbar^2} \dfrac{\sqrt{2m_e^*}}{\sqrt{E_g}} \\ B_{bbt} = \dfrac{\pi \sqrt{m_e^*/2} E_g^{3/2}}{2q\hbar} \end{cases} \quad (2.37)$$

式中：A_{bbt} 和 B_{bbt} 为器件带带隧穿效应产生率的表征参数。陷阱辅助隧穿效应的复合率为[16]：

$$R_{tat} = \dfrac{pn - n_i^2}{\dfrac{\tau_p}{1+\Gamma_p}\left[n + n_i \cdot \exp\left(\dfrac{E_t - E_i}{kT}\right)\right] + \dfrac{\tau_n}{1+\Gamma_n}\left[p + n_i \cdot \exp\left(\dfrac{E_i - E_t}{kT}\right)\right]} \quad (2.38)$$

式中：τ_n 和 τ_p 为电子和空穴的 SRH 复合寿命；n_i 和 E_i 为本征载流子浓度和本征费米能级；Γ_n 和 Γ_p 为反映陷阱辅助隧穿效应影响电子和空穴从陷阱能级发射的场增强因子。陷阱辅助隧穿效应主要体现在降低了耗尽区载流子有效寿命：

$$\Gamma_{n,p} = \dfrac{\Delta E_{n,p}}{kT} \int_0^1 \exp\left(\dfrac{\Delta E_{n,p}}{kT} u - K_{n,p} u^{3/2}\right) du \quad (2.39)$$

$$K_{n,p} = \dfrac{4}{3} \dfrac{\sqrt{2m_{trap}(\Delta E_{n,p})^3}}{3qh|E|} \quad (2.40)$$

式中：$\Delta E_{n,p}$ 为电子或空穴发生隧穿的能量差；u 为积分变量；m_{trap} 为载流子的有效隧穿质量。

对于半导体红外雪崩探测器，载流子的碰撞离化过程对于器件的模拟非常重要。通常 HgCdTe 雪崩模型采用 Okuto-Crowel 模型，该模型已经被证实与实验测量的雪崩增益具有很好的吻合性[17-18]。载流子的雪崩效应产生率可以表示为：

$$G^{Avalanche} = \alpha_n n v_n + \alpha_p p v_p \quad (2.41)$$

$$\alpha_{n,p} = a_{n,p} E^c \exp\left(-\dfrac{b}{E}\right) \quad (2.42)$$

式中：$a_{n,p}$ 为反映雪崩增益曲线斜率的特征参数，与材料能带宽度成反比；b 与耗尽区宽度相关；c 为拟合修正系数。电子碰撞电离系数 α_n 和空穴碰撞电离系数 α_p 被定义为：由于碰撞电离，在 dx 距离内，平均增加的电子和空穴浓

度 n 和 h[17]。

$$\frac{\mathrm{d}n}{\mathrm{d}x}(x) \equiv -\frac{\mathrm{d}h}{\mathrm{d}x}(x) = \alpha_n(E) \cdot n + \alpha_p(E) \cdot h \quad (2.43)$$

假设电场强度 E 恒定，通过对公式（2.43）中 x 进行积分，可以获得单种载流子通过耗尽区宽度 w 时的雪崩增益 M：

$$M = \frac{n(w)}{n(0)} = e^{\alpha_n(E) \cdot w} \quad (2.44)$$

结合公式（2.42），电子雪崩增益可以表达为：

$$M = e^{\left[\alpha_n \cdot V \cdot \exp\left(-\frac{bw}{V}\right)\right]} \quad (2.45)$$

Kerlain 等[18]采用 Okuto-Crowel 模型对中波 HgCdTe 电子雪崩探测器（截止波长为 5.2 μm 和 4.6 μm）的增益曲线进行准确拟合，得出 $a_n \cdot E_g/q$ = 0.215，bw/w_c = 18 000 V/cm（结宽 $w_c \approx 1.4$ μm）的简单关系，如图 2.9 所示。

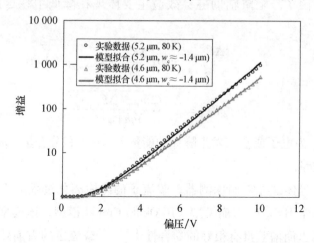

图 2.9 中波 HgCdTe 电子雪崩探测器的实验增益曲线和拟合曲线对比[18]

2. 材料基本参数

在器件模拟中，准确植入半导体红外材料参数的解析和经验表达式，对于精确模拟半导体红外探测器的光电特性、分析和优化器件性能至关重要。半导体红外材料基本参数有：禁带宽度、电子亲和能、吸收系数、折射率、电子迁移率。器件每个区域的材料参数都可以单独植入，使模拟人员能够修改每一层的材料属性，进行复杂的异质结构设计。

以 $Hg_{1-x}Cd_xTe$ 为例，其属于直接带隙，闪锌矿结构的 CdTe 和 HgTe 合金半导体材料。由于其半金属特性，HgCdTe 材料能够通过调节 Cd 组分 x 改变能带宽度，被广泛应用于短波到甚长波的红外成像。$Hg_{1-x}Cd_xTe$ 的能带宽度 E_g 表达式有多种，最常用的是由褚君浩等[19]推导的：

$$E_g = -0.295 + 1.87x - 0.28x^2 + (6 - 14x + 3x^2)10^{-4}T + 0.35x^4 \quad (2.46)$$

电子亲和能 χ 是影响 HgCdTe 异质结势垒结构的主要材料参数，其近似表达式为：

$$\chi(x,T) = 4.23 - 0.813[E_g(x,T) - 0.083] \quad (2.47)$$

HgCdTe 材料的本征载流子浓度 n_i 可以表示为[20]：

$$n_i = (5.585 - 3.82x + 0.001\,753T - 0.001\,364xT) \times 10^{14} E_g^{3/4} T^{3/2} \exp\left(-\frac{E_g}{2k_B T}\right) \quad (2.48)$$

得益于电子较小的有效质量，HgCdTe 材料的电子迁移率 μ_e 通常比较高，为 $10^4 \sim 10^5$ cm²/(V·s) 量级。相反，空穴迁移率则要低两个量级。基于霍尔实验测量数据，HgCdTe 电子迁移率 μ_e 的经验表达式为[21]：

$$\mu_e = \frac{9 \times 10^8 b}{Z^{2a}} \quad (2.49)$$

$$\begin{cases} a = \left(\dfrac{0.2}{x}\right)^{0.6} \\ b = \left(\dfrac{0.2}{x}\right)^{7.5} \end{cases} \quad (2.50)$$

当组分 $0.2 \leqslant x \leqslant 0.6$，$T > 50$ K 时，$Z = T$。当 $T < 50$ K 时：

$$Z = \frac{1.18 \times 10^5}{2600 - |T - 35|^{2.07}} \quad (2.51)$$

当 $T = 77$ K 时，空穴迁移率的经验表达式为：

$$\mu_h = \mu_0 \left[1 + \left(\frac{p}{1.8 \times 10^{17}}\right)^2\right]^{-1/4} \quad (2.52)$$

式中：p 为受主浓度，$\mu_0 = 440$ cm²/(V·s)。在器件模拟中，通常采用电子

和空穴的迁移率比 $\mu_e/\mu_h = 100$ 来计算空穴迁移率。这些表达式和近似方程虽然给出了理想材料载流子迁移率跟组分 x 和温度 T 的关系，然而需要重点强调的是，HgCdTe 材料中电场、掺杂浓度、杂质和材料缺陷的变化都会影响到实际载流子的迁移率值。

材料的吸收系数是衡量红外光电探测性能的主要参数之一，在很大程度上决定了红外材料的光电转换效率。目前，HgCdTe 材料吸收系数 α 的经验表达式有多种，常用表达式为[22]：

$$\alpha = \begin{cases} \alpha_0 (\alpha_g/\alpha_0)^{(E-E_0)/(E_g-E_0)}, & E < E_g \\ \alpha_g \exp[\beta(E-E_g)]^{1/2}, & E \geq E_g \end{cases} \quad (2.53)$$

式中：E 为光子能量。

$$\ln\alpha_0 = -18.5 + 45.68x \quad (2.54)$$

$$\alpha_g = -65 + 1.88T + (8\,694 - 10.31T)x \quad (2.55)$$

$$E_0 = -0.355 + 1.77x \quad (2.56)$$

$$\beta = -1 + 0.083T + (21 - 0.13T)x \quad (2.57)$$

HgCdTe 材料的折射率 $n(\lambda, T)$ 与入射光子波长的关系为[23]：

$$n(\lambda, T)^2 = A + \frac{B}{[1 - (C/\lambda)^2]} + D\lambda^2 \quad (2.58)$$

$$A = 13.173 - 9.582x + 2.909x^2 + 10^{-3} \times (300 - T) \quad (2.59)$$

$$B = 0.83 - 0.246x - 0.0961x^2 + 8 \times 10^{-4} \times (300 - T) \quad (2.60)$$

$$C = 6.706 - 14.437x + 8.5311x^2 + 7 \times 10^{-4} \times (300 - T) \quad (2.61)$$

$$D = 1.953 \times 10^{-4} - 0.00128x + 1.853 \times 10^{-4}x^2 \quad (2.62)$$

3. 仿真方法

不同探测功能结构的 HgCdTe 红外探测器，可以根据其自身的工作状态和器件原理灵活地选择以上的产生 – 复合模型，有针对性地对器件的光电特征进行拟合和性能分析。采用半导体 TCAD（Technology CAD）软件，对上述物理模型进行有限元求解计算。TCAD 指的是采用计算机模拟开发和优化半导体工艺技术和半导体器件。因此，在开发新的半导体器件或工艺时，可以采用 TCAD 计算机模拟代替部分昂贵且耗时的芯片测试。随着红外技术变得越来越

第 2 章
红外探测器的基本理论与模拟仿真方法

复杂，TCAD 计算机模拟被半导体工业界广泛使用，以降低研发成本，并加速研发进程。TCAD 包含工艺模拟和器件模拟两个主要的分支。在工艺模拟时，基于不同工艺步骤所对应的不同物理过程，模拟刻蚀、淀积、离子注入、热退火和氧化等各种工艺步骤对器件的影响。例如，在模拟热退火时，可以求解计算网格上每种杂质的扩散方程；在氧化模拟时，可以基于氧气的扩散、边角处的机械应力等模拟 SiO_2 的生长。器件模拟则是基于器件工作时所对应的基本物理方程，求解并得到网格点上的电场强度、载流子浓度、电流密度、能带、产生和复合速率等物理信息。

半导体 TCAD 软件主要有 Sentaurus-TCAD 和 Silvaco-TCAD，可以对半导体红外探测器进行模拟和分析。Sentaurus-TCAD 软件是由 Synopsys 公司开发的，目前被广泛应用于半导体工艺和器件仿真的商业软件。Sentaurus-TCAD 软件具有可视化的集成环境，可对器件进行直观设计、组织和模拟，如图 2.10 所示。一个完整的模拟流程通常包括多个模块工具，如工艺模拟器 Sentaurus Process、网格化工具 Mesh、器件模拟器 Sentaurus Device、绘图和分析工具

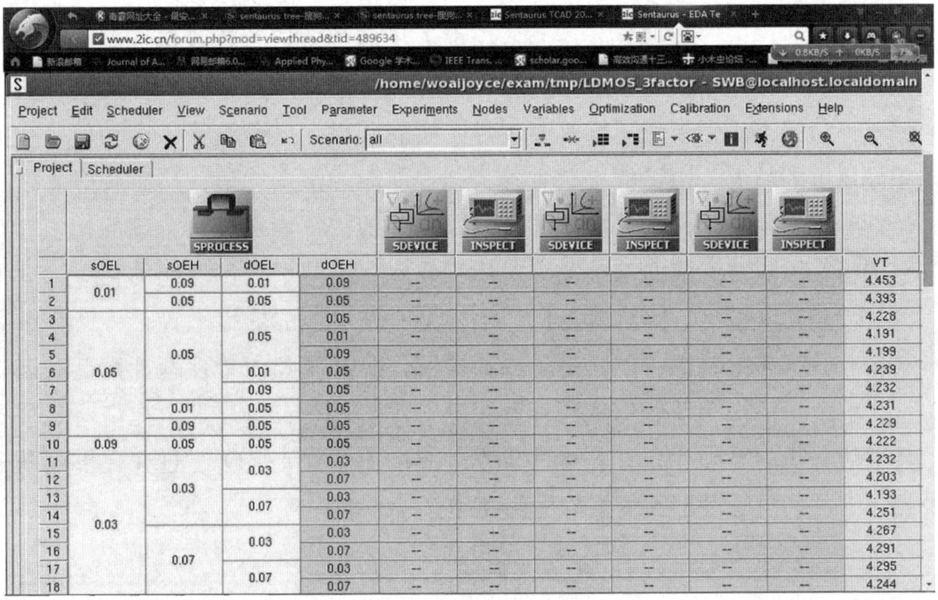

图 2.10 Sentaurus-TCAD 的可视化界面

Inspect。Sentaurus-TCAD 软件自动管理从一个模块工具到另一个模块工具的信息流，方便对各个模块工具的设置、运行和结果进行查看。同时，还可以自定义参数和变量以运行复杂的参变量分析。Sentaurus Device 模块工具可以模拟半导体器件的电、热和光性能，是业界领先的器件模拟器，可以处理一维、二维和三维的几何结构以及多种物理过程的混合模拟，并适用于不同工作条件下的各类半导体功能器件。

2.2.3 解析与数值模型联合仿真方法

数值仿真是根据边界条件，采用有限元方法自洽求解红外器件最基本的泊松方程、载流子连续性方程和电流输运方程组。相比于半经验或近似解析模拟方法，其准确度更高，且能够获得更丰富的物理信息。但红外探测材料是窄禁带材料，且其影响性能的诸多参数，如掺杂浓度、载流子迁移率、少子寿命、陷阱浓度等，特别容易受到外界因素、工艺等的影响，通过实际测量获得全部准确特征参数是非常困难的，这给建立准确的数值仿真模型带来挑战。因此，可以根据红外探测器暗电流机制的一般物理规律，建立一种快捷、准确的类顺序模式参数初值获取方法。例如，HgCdTe 红外探测器在大反偏压下，暗电流由带带隧穿机制主导，从而获得 n 区载流子浓度初值；在大正偏压下的暗电流由扩散机制主导，结合前面的浓度初值，从而获得 n 区少子迁移率和少子寿命；依次类推可以获取其他特征参数较为合理的初值。在得到特征参数初始值的基础上，选择符合现实工艺下器件性能的相应物理模型，如迁移率模型、陷阱模型、产生－复合模型、隧穿模型等，将计算结果与实验数据多次反馈，不断修正特征参数，提升所建立物理理论模型的准确性。将解析模拟和数值仿真两种方法进行有机结合，可以大大提高对红外器件性能分析的准确性和有效性，为改进或优化器件制备工艺过程提供判断依据，有力指导红外器件的结构优化设计。

2.3 本章小结

HgCdTe、InSb、InGaAs 等半导体材料被广泛应用于制备高性能红外光电探测器。然而，各种类型的暗电流仍然是限制半导体器件，尤其是窄禁带红外探测器性能的关键因素。本章从半导体器件的基本理论出发，结合半导体红外材料自身的特点，详细阐述了影响半导体红外探测器性能的暗电流产生机制，主要包括扩散电流、产生-复合电流、隧穿电流、碰撞激化电离电流和表面电流。同时，介绍了半导体红外探测器的解析模拟方法和数值仿真方法。解析模拟方法是基于器件各暗电流机制的解析表达式，来模拟和分析器件的电学性能。数值仿真方法则是基于最基本的载流子输运方程、电流方程、产生-复合过程以及材料参数的基本表达式，来模拟和分析器件的光学、热学、电学等更普遍的性能，适用于不同功能和结构的红外探测器研究和设计。目前，主要采用 Sentaurus-TCAD、Silvaco-TCAD 半导体软件对红外探测器性能进行数值仿真研究和优化设计。

参考文献

[1] EMELIE P-Y. HgCdTe Auger-suppressed infrared detectors under non-equilibrium operation[D]. Michigan：The University of Michigan，2009.

[2] BLAKEMORE J S. Semiconductor statistics[M]. Massachusetts：Courier Corporation，2002.

[3] CASSELMAN T N，PETERSEN P E. A comparison of the dominant Auger transitions in p-type (Hg, Cd)Te[J]. Solid State Communications，1980，33(6)：615-619.

[4] CASSELMAN T N. Calculation of the Auger lifetime in p-type $Hg_{1-x}Cd_xTe$[J]. Journal of Applied Physics，1981，52(2)：848-854.

[5] KINCH M A, AQARIDEN F, CHANDRA D, et al. Minority carrier lifetime in p-HgCdTe[J]. Journal of Electronic Materials, 2005, 34(6): 880-884.

[6] BELLOTTI E, D'ORSOGNA D. Numerical analysis of HgCdTe simultaneous two-color photovoltaic infrared detectors[J]. IEEE Journal of Quantum Electronics, 2006, 42(4): 418-426.

[7] SZE S M, NG K K. Physics of semiconductor devices[M]. Hoboken: John Wiley & Sons, 2006.

[8] GOPAL V, SINGH S K, MEHRA R M. Analysis of dark current contributions in mercury cadmium telluride junction diodes[J]. Infrared Physics & Technology, 2002, 43(6): 317-326.

[9] 杨建荣. 碲镉汞材料物理与技术[M]. 北京: 国防工业出版社, 2012.

[10] ELLIOTT C T, GORDON N T, HALL R S, et al. Reverse breakdown in long wavelength lateral collection $Cd_xHg_{1-x}Te$ diodes[J]. Journal of Vacuum Sciense & Technology A, 1990, 8(2): 1251-1253.

[11] NGUYEN T, MUSCA C A, DELL J M, et al. Dark currents in long wavelength infrared HgCdTe gated photodiodes[J]. Journal of Electronic Materials, 2004, 33(6): 621-629.

[12] WENUS J, RUTKOWSKI J, ROGALSKI A. Analysis of VLWIR HgCdTe photodiode performance[J]. Opto-Electronics Review, 2003, 11(2): 143-149.

[13] 殷菲. 碲镉汞红外探测功能结构的光电性能研究[D]. 上海: 中国科学院上海技术物理研究所, 2010.

[14] ROSENFELD D, BAHIR G. A model for the trap-assisted tunneling mechanism in diffused n-p and implanted n^+-p HgCdTe photodiodes[J]. IEEE Transactions on Electron Devices, 1992, 39(7): 1638-1645.

[15] NEMIROVSKY Y, UNIKOVSKY A. Tunneling and $1/f$ noise currents in HgCdTe photodiodes[J]. Journal of Vacuum Science & Technology B, 1992, 10(4): 1602-1610.

[16] JI X L, LIU B Q, XU Y, et al. Deep-level traps induced dark currents in extended wavelength $In_xGa_{1-x}As$/InP photodetector[J]. Journal of Applied Physics, 2013, 114(22): 224502.

[17] ROTHMAN J, MOLLARD L, BOSSON S, et al. Short-wave infrared HgCdTe avalanche photodiodes[J]. Journal of Electronic Materials, 2012, 41(10): 2928-2936.

[18] KERLAIN A, BONNOUVRIER G, RUBALDO L, et al. Performance of mid-wave infrared HgCdTe e-avalanche photodiodes[J]. Journal of Electronic Materials, 2012, 41(10): 2943-2948.

[19] 褚君浩, 王戎兴, 汤定元. 非抛物型能带半导体$Hg_{1-x}Cd_xTe$的本征载流子浓度[J]. 红外研究, 1983, 2(4): 241-249.

[20] HANSEN G L, SCHMIT J L. Calculation of intrinsic carrier concentration in $Hg_{1-x}Cd_xTe$[J]. Journal of Applied Physics, 1983, 54(3): 1639-1640.

[21] SCOTT W. Electron mobility in $Hg_{1-x}Cd_xTe$[J]. Journal of Applied Physics, 1972, 43(3): 1055-1062.

[22] CHU J H, LI B, LIU K, et al. Empirical rule of intrinsic absorption spectroscopy in $Hg_{1-x}Cd_xTe$[J]. Journal of Applied Physics, 1994, 75(2): 1234-1235.

[23] FANG W F, ITO K, REDFERN D A. Parameter identification for semiconductor diodes by LBIC imaging[J]. SIAM Journal on Applied Mathematics, 2002, 62(6): 2149-2174.

第3章 基于解析模型的红外探测器暗电流特性分析

红外探测器的暗电流是指在无光照情况下流经器件的电流，p-n结作为红外光伏器件的基本部分，其评价性能的优值 R_0A 可以从暗电流特性即电流-电压（$I-V$）曲线的偏微分得到。R_0A 值越高，光伏探测器的探测率越大。因此，为了提高探测器的探测率，必须提高优值因子 R_0A，并尽量降低暗电流。为此，可以采用第2章所述的经典解析模型对红外探测器暗电流机制进行分析，得到与器件工艺相关的参数，进而指导改进器件工艺，提高探测器性能；使用解析模型对器件的 $I-V$ 曲线进行拟合，以获得器件的基本特征参数。其拟合模式通常有两种：顺序拟合模式和同时拟合模式。顺序拟合模式是指仅采用在偏压范围内占主导的暗电流机制来进行拟合[1-3]。然而，在大多数情况下不止一种电流机制主导暗电流，这使得该方法从原理上就存在一定的误差。同时拟合模式是指将偏压下所有的暗电流机制都同时考虑在内，以获得较为准确的器件特征参数：n区掺杂浓度 N_d、p区电子迁移率与寿命之比 μ_n/τ_n、空间电荷区有效载流子寿命 τ_0、陷阱能级相对位置 E_t/E_g 和陷阱浓

度 N_t,以及串联电阻 R_s[4-5]。本章主要介绍基于解析模型的同时拟合模式方法。

3.1 基于解析模型提取特征参数的基本方法

以 HgCdTe 材料为例,该器件主要存在四种暗电流机制,其在各个偏压段的主要暗电流成分各不相同,因此可以采用分偏压段来求解拟合所需要的器件特征参数初值。通常在大反偏压下,器件暗电流由带带隧穿主导,获得 N_d 初值;在大正偏压下,器件暗电流近似等于扩散电流,以此获得 τ_n 初值;在小正偏压下,器件暗电流近似等于扩散电流和产生-复合电流之和,求得 τ_0 初值;在两个中等反偏压下,器件暗电流近似等于陷阱辅助隧穿电流和产生-复合电流之和,求得 E_t 和 N_t 初值。

$$R_{\exp} - \left(\frac{1}{R_{\text{diff}}} + \frac{1}{R_{\text{g-r}}} + \frac{1}{R_{\text{tat}}} + \frac{1}{R_{\text{bbt}}}\right)^{-1} - R_s = 0 \qquad (3.1)$$

求解公式(3.1),需选取六个偏压特征点以获得由六个方程组成的超越方程组,从而得到六个特征参数的初始值。

在大反偏压下,近似认为窄带隙半导体器件带间直接隧穿机制主导暗电流,公式(3.1)可以简化为:

$$R_{\exp} - R_{\text{bbt}} = 0 \qquad (3.2)$$

式中:R_{bbt} 仅与特征参数 N_d 相关,选取大反偏压下某一实验点 $R_{\exp}$ 代入公式(3.2),可以得到 N_d 初始值。

在大正偏压下,近似认为扩散机制主导器件暗电流,公式(3.1)可以简化为:

$$R_{\exp} - R_{\text{diff}} = 0 \qquad (3.3)$$

式中:R_{diff} 主要与 N_d 和 μ_n/τ_n 参数有关,选取大正偏压下某一实验点 $R_{\exp}$ 代入公式(3.3),结合公式(3.2)求得的 N_d 值,可以得到 μ_n/τ_n 初始值。

在小正偏压下,近似认为器件暗电流由扩散机制和产生-复合机制共同主导,公式(3.1)可以简化为:

$$R_{\text{exp}} - \left(\frac{1}{R_{\text{diff}}} + \frac{1}{R_{\text{g-r}}}\right)^{-1} = 0 \tag{3.4}$$

式中：$R_{\text{g-r}}$ 仅与 τ_0 参数相关，选取小正偏压下某一实验点 R_{exp} 代入公式 (3.4)，结合已知的 N_d 和 μ_n/τ_n 初始值，可以得到 τ_0 参数初始值。

在中等反偏压下，近似认为器件暗电流由带间直接隧穿机制、陷阱辅助隧穿机制和产生－复合机制共同主导，公式 (3.1) 可以简化为：

$$R_{\text{exp}} - \left(\frac{1}{R_{\text{g-r}}} + \frac{1}{R_{\text{tat}}} + \frac{1}{R_{\text{bbt}}}\right)^{-1} = 0 \tag{3.5}$$

式中：R_{tat} 主要与 N_d、N_t、E_t/E_g 参数相关，选取中等反偏压下的两个实验值代入公式 (3.5)，结合已知的 N_d、μ_n/τ_n、τ_0 初始值，可以得到 N_t 和 E_t/E_g 参数初始值。

至此，通过分段电压近似法获得了较为合理的特征参数拟合初值。在初值的基础上事先设定相应的参数变化范围，然后取不同的参数组合值，将每一组参数代入公式 (2.29) 中获得一条理论解析 $R-V$ 拟合曲线，其中器件电流可以根据实际器件工作情况进一步添加相应的电流成分，如碰撞激化电离电流、表面漏电流等。最后设置误差函数[5]：

$$F = \sum_{i}^{N} \{\log[R_{\text{fit}}(V_{di})] - \log[R_{\text{exp}}(V_{di})]\}^2 \tag{3.6}$$

式中：R_{fit} 和 R_{exp} 分别为拟合值和实验值；N 为拟合特征参数个数。采用标准的非线性梯度搜索法与 N 维函数全域极小值搜寻问题重构法，使得误差函数值最小化，当拟合误差值越小时，拟合曲线与实验曲线越吻合，此时拟合所提取的各项特征参数值在理论上准确度越高。

3.2　长波 HgCdTe 红外探测器变温暗电流特性

长波 HgCdTe 红外探测器作为主流红外光电子器件，在我国国家安全和空间技术发展中具有十分重要的地位，因此对长波 HgCdTe 红外探测器性能的改进研究就显得极为重要。通过建立准确的器件理论模型，可以分析出实际器

第3章
基于解析模型的红外探测器暗电流特性分析

件在不同工作条件下的暗电流机制,从而为进一步改善器件性能以及相关工艺等提供理论支撑。据报道,长波 HgCdTe 红外探测器量子效率已经超过 70%[6]。通过增加其光响应率来提高红外探测器性能的空间非常有限,因而人们转向通过降低暗电流来改进器件性能。长波 HgCdTe 红外探测器的暗电流特性极其依赖工作温度,本小节着重介绍采用解析模型分析温度对长波 HgCdTe 红外探测器暗电流特性的影响规律。

长波 HgCdTe 红外探测器的制备过程,通常可以采用 LPE 方法在衬底上生长出 As 掺杂 p 型 HgCdTe 层,然后基于 B$^+$ 注入工艺在 p 型材料表面形成 n 型 HgCdTe 层,B$^+$ 注入面积为 (60×60) μm^2,最后生长钝化层和金属电极,得到 n-on-p 结构 HgCdTe 红外探测器件。将器件密封于真空杜瓦瓶中,测量 35~120 K 温度范围内长波 HgCdTe 红外探测器的电学特性曲线,以便分析温度对器件暗电流的影响规律。为增加实验的可靠性,每个温度下采用同一样品上的四个光敏元进行电学特性测试,测量偏压范围取为 -0.5~0.5 V。样品器件材料参数如表 3.1 所示。其中,x 为 Hg$_{1-x}$Cd$_x$Te 中的 Cd 组分,N_a 和 μ_p 分别为 p 区掺杂浓度和空穴迁移率,A 为光敏元面积,T 为测量温度。

表 3.1 长波 HgCdTe 样品器件材料参数[7]

光敏元编号	组分 x	N_a/cm^3	μ_p/cm$^2 \cdot$ (V·s)$^{-1}$	A/μm^2	T/K
1$^\#$、2$^\#$、3$^\#$、4$^\#$	0.219	2×10^{15}	639.7	60×60	35~120

不同温度下四个光敏元的 R-V 实验测量曲线如图 3.1 所示。从图中可以发现,在正偏压范围内,器件动态电阻值随温度升高而减小;在反偏压范围内,器件动态电阻值随温度升高呈现先增大再减小的现象,1$^\#$、3$^\#$ 和 4$^\#$ 光敏元动态电阻在温度 70 K 时达到最大值,而 2$^\#$ 光敏元动态电阻则在温度为 60 K 时达到最大值;器件动态电阻峰值随温度升高而减小,且峰位朝反偏压方向漂移。

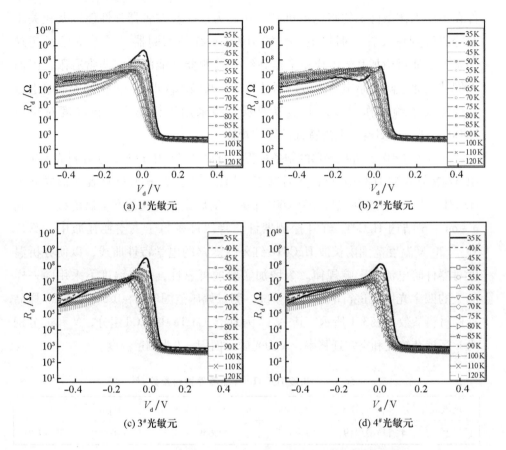

图3.1 不同温度下四个光敏元的 $R-V$ 实验测量曲线[7]

从图3.1可以提取出四个光敏元零偏压电阻值 R_0 随温度 $1\,000/T$ 的变化规律，如图3.2所示。随着温度的下降，器件零偏压电阻值 R_0 逐渐趋于饱和。除 2# 光敏元在低温下 R_0 值偏小外，其他三个光敏元电学特性比较一致，均匀性较好。

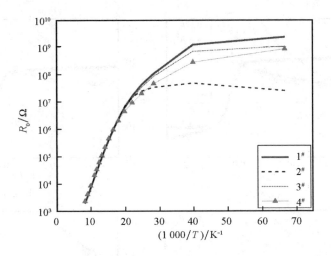

图 3.2 四个光敏元零偏压电阻值 R_0 随温度 1 000/T 的变化规律[7]

采用 3.1 节基于解析模型提取特征参数的基本方法对不同温度下器件 $R-V$ 实验曲线进行了拟合分析。在六种典型温度下，1#、2#、3#和4#光敏元 $R-V$ 曲线的解析拟合结果如图 3.3 ~ 3.6 所示。从器件各个暗电流机制相关的阻值曲线拟合结果可以看出，四个光敏元的暗电流机制基本相同，与图 3.2 反映出的光敏元电学均匀性一致，主要呈现：①在大反偏压下，R_{bbt} 随温度升高而增大，R_{tat} 则随温度升高呈现先增大后减小的规律，器件暗电流随温度升高由直接隧穿电流主导逐渐转变为由陷阱辅助隧穿电流主导。②动态电阻峰值所对应的偏压处，器件暗电流在低温下由陷阱辅助隧穿电流主导。产生 – 复合电流随温度升高逐渐增大，器件暗电流逐步过渡为由产生 – 复合电流和陷阱辅助隧穿电流共同主导，并最终转变为仅由产生 – 复合电流主导。③在小正偏压下，器件暗电流在低温时由产生 – 复合暗电流主导；扩散电流随温度升高而逐渐增大，55 K 时器件暗电流即转变为由产生 – 复合电流和扩散暗电流共同主导，75 K 时则完全由扩散暗电流主导。产生 – 复合电流和扩散暗电流均属于热激发电流，随着温度的升高而增大，是小正偏压下器件整体动态电阻值随温度升高而减小的主要原因。

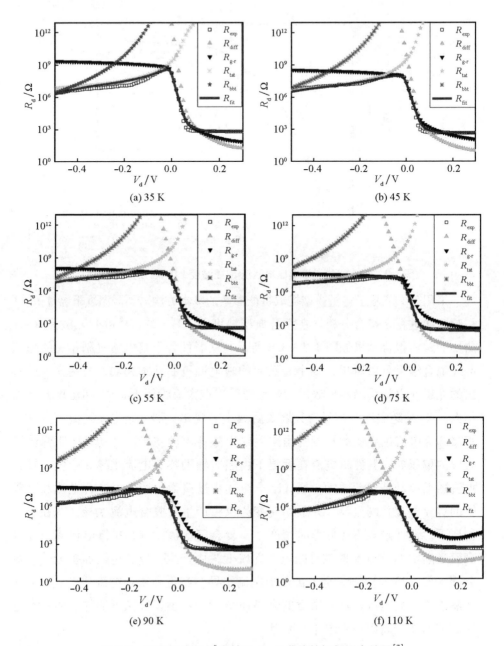

图 3.3 不同温度下 $1^\#$ 光敏元 $R-V$ 曲线的解析拟合结果[7]

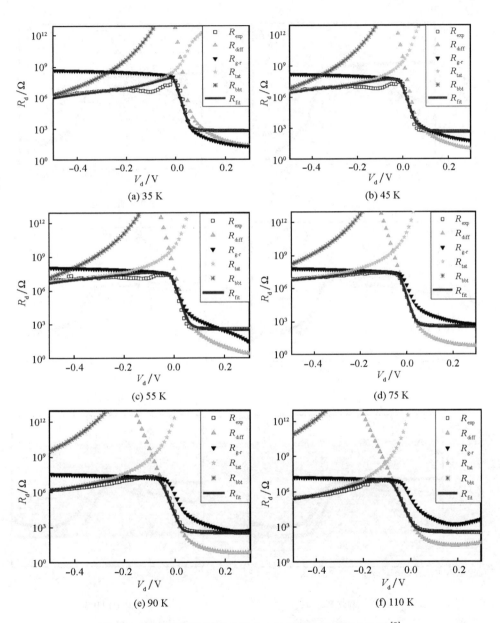

图 3.4 不同温度下 2#光敏元 R-V 曲线的解析拟合结果[7]

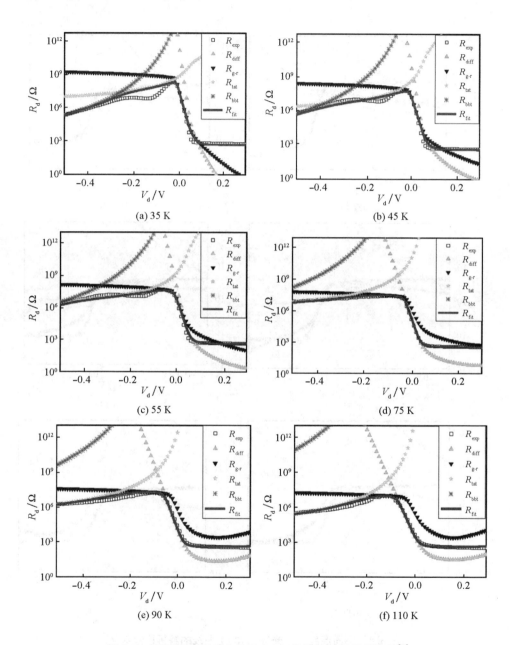

图 3.5 不同温度下 $3^{\#}$ 光敏元 R-V 曲线的解析拟合结果[7]

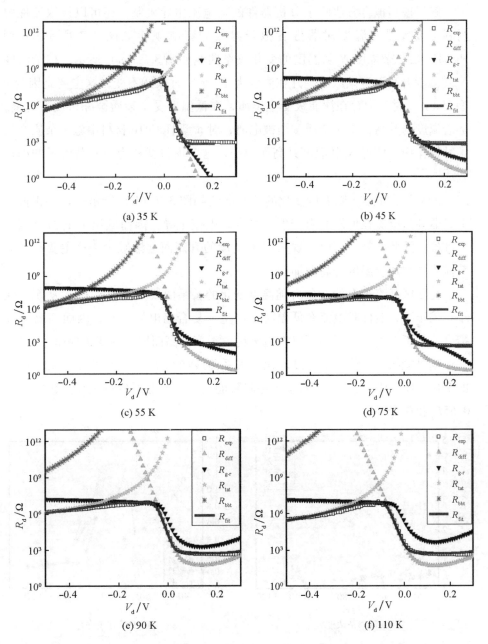

图 3.6 不同温度下 4#光敏元 R-V 曲线的解析拟合结果[7]

解析模型拟合方法除了分析器件的暗电流主导机制，还可以提取器件中材料主要参数，温度对器件各拟合参数的影响规律如图3.7所示。n型HgCdTe层掺杂浓度N_d随温度的变化关系曲线如图3.7（a）所示。掺杂浓度N_d随温度升高而逐渐减小，并在温度大于75 K时保持不变，这主要是因为n型HgCdTe材料中存在深能级受主杂质，在低温下受主杂质被冻析没有电离，随着温度的升高，受主杂质逐渐被电离，对n型HgCdTe材料中施主杂质产生了补偿作用，使得N_d随温度升高而减小，这个现象就称为空穴载流子的冻析效应[8]。

p区少子寿命τ_n随温度变化的关系曲线如图3.7（b）所示。在小正偏压下，器件暗电流在低温时由产生-复合暗电流主导，因而低温下τ_n拟合值并不准确。除此之外，可以发现τ_n随着温度的升高而逐渐减少，这主要是因为载流子复合随着温度升高而加剧。

耗尽区载流子有效寿命τ_0随温度变化的关系曲线如图3.7（c）所示。在小正偏压下，器件暗电流在低温时由产生-复合暗电流主导，因而高温下τ_0拟合值并不准确，但仍然可以得出τ_0随着温度升高而增加的变化规律。

陷阱能级相对位置随温度变化的关系曲线如图3.7（d）所示。随着温度的变化，HgCdTe材料存在两个主导陷阱能级，即低温下材料主导陷阱能级为$0.55E_g$和$0.45E_g$。

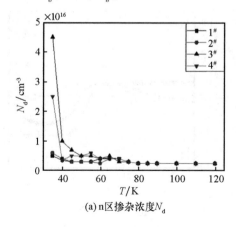

(a) n区掺杂浓度N_d

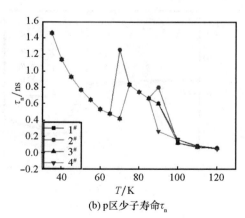

(b) p区少子寿命τ_n

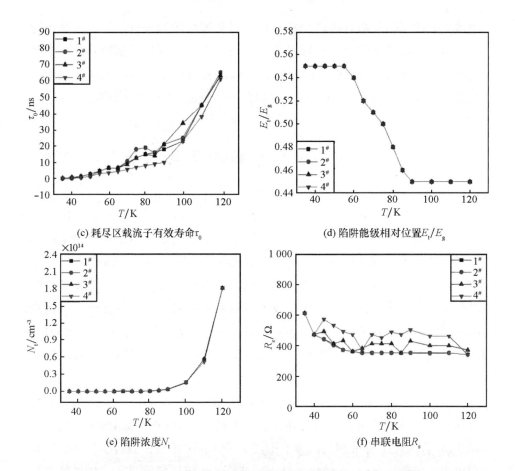

(c) 耗尽区载流子有效寿命 τ_0

(d) 陷阱能级相对位置 E_t/E_g

(e) 陷阱浓度 N_t

(f) 串联电阻 R_s

图 3.7　四个光敏元各拟合参数随温度变化的关系曲线[7]（见彩插）

材料中陷阱浓度随温度变化的关系曲线如图 3.7（e）所示。随着温度升高，材料中陷阱浓度呈指数急剧增大，导致器件陷阱辅助隧穿电流大幅增大，严重影响器件性能。

串联电阻随温度变化的关系曲线如图 3.7（f）所示。器件串联电阻随温度升高而减小。器件中扩散电流和产生－复合电流随着温度的升高而逐渐增大，相对减弱了器件中串联电阻效应对总暗电流的影响程度，因而呈现随着温度升高串联电阻相对减小的趋势。

对于长波 HgCdTe 红外探测器，掌握其不同条件（偏压、温度）下的暗电流主导机制以及拟合提取特征参数，对从理论结构设计、工艺流程优化上改进器件性能具有重要的指导意义。然而，在基于解析模型提取特征参数的过程中，需要研究者能够清晰地认识到样品器件每一种暗电流解析模型的适用范围和条件，并具备对诸多拟合特征参数准确度的初步判断能力。

3.3 中波 HgCdTe 红外探测器退火暗电流特性

退火作为红外探测器的常用热处理工艺，不仅可以消除器件层间的部分热应力，而且可以促进金属结晶，对器件性能具有重要的影响。合适的退火条件能明显提升 HgCdTe 中掺杂 As 原子的激活率[9]，改善晶体质量[10]，还能有效降低器件的体电流[11]，提高器件性能。因此，研究不同退火条件对器件暗电流机制以及特征参数的影响规律具有重要意义。本节主要介绍如何利用解析模型拟合方法来分析退火对中波 HgCdTe 红外探测器暗电流特性的影响，以及提取退火前后器件主要特征参数的变化规律，以此对器件退火条件进行优化。

MBE 和 LPE 是生长 HgCdTe 红外材料的两种主流方法。中波 HgCdTe 红外探测器样品首先采用 LPE 方法在衬底上生长出 As 掺杂 p 型 HgCdTe 层，然后基于 B^+ 注入工艺在 p 型材料表面形成 n 型 HgCdTe 层，最后生长钝化层和金属电极，得到 n-on-p 结构中波 HgCdTe 红外探测器件样品。将样品器件密封于真空杜瓦瓶中，并置于恒温烘箱中进行退火，退火温度为 358 K，以 8 h 为退火时间间隔，设置 0~48 h 内不同器件退火时间，测量液氮制冷（约 77 K）下不同退火时间器件暗电流 $I-V$ 曲线，并以此获得器件 $R-V$ 特性曲线。样品器件材料参数如表 3.2 所示。其中，x 为 $Hg_{1-x}Cd_xTe$ 中的 Cd 组分，μ_p 为空穴迁移率，A 为光敏元面积，T 为测量温度。

表 3.2 中波 HgCdTe 样品器件材料参数[7]

样品编号	组分 x	$\mu_p/\mathrm{cm}^2\cdot(\mathrm{V}\cdot\mathrm{s})^{-1}$	$A/\mu\mathrm{m}^2$	T/K
1#	0.308 8	275	50×50	77.2
2#	0.304 8	248	50×50	77.2

此次共有两个中波 HgCdTe 阵列器件样品，分别从中择取一个光敏元进行研究，命名为 1# 和 2# 光敏元。采用解析方法对两个样品退火前的 $R-V$ 特性曲线进行拟合分析，如图 3.8 所示。从器件各个暗电流机制相关的阻值曲线拟合结果可以看出，两个器件退火前的暗电流机制基本一致，主要呈现：①在大反偏压和中等反偏压下，器件暗电流由陷阱辅助隧穿电流主导；②在零偏压和小正偏压下，器件暗电流由产生-复合暗电流主导；③在大正偏压下，器件暗电流由扩散电流主导。

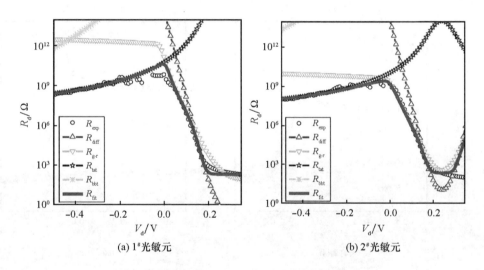

图 3.8 不同光敏元退火前 $R-V$ 曲线的解析拟合结果[7]

为了研究不同退火时间对器件性能的影响，采用解析方法对 1# 光敏元在不同退火时间下 $R-V$ 特性曲线进行拟合分析，如图 3.9 所示。从器件各个暗电流机制相关的阻值曲线拟合结果可以看出，器件在各个偏压范围内的暗电流主导机制并没有随着退火时间的增加而发生本质改变。但是，器件总的动态电阻值随着退火时间增加呈现先减小后增大的现象,动态电阻在退火 24 h 达到最小值。

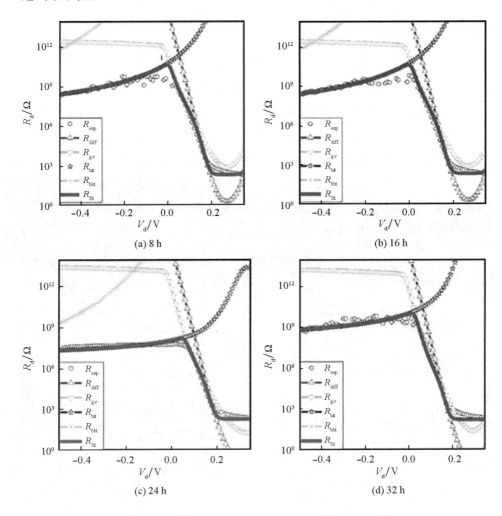

(a) 8 h

(b) 16 h

(c) 24 h

(d) 32 h

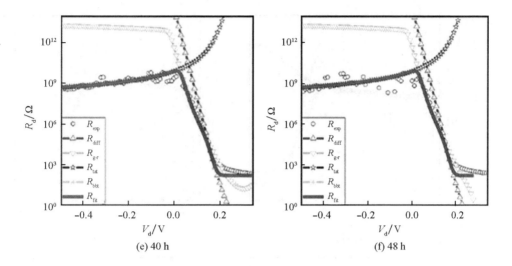

(e) 40 h (f) 48 h

图 3.9　不同退火时间下 1# 光敏元 R–V 曲线的解析拟合结果[7]

同样，采用解析方法对 2# 光敏元在不同退火时间下 R–V 特性曲线进行拟合分析，如图 3.10 所示。从器件各个暗电流机制相关的阻值曲线拟合结果可以看出，器件在各个偏压范围内的暗电流主导机制并没有随着退火时间的增加而发生本质改变；而器件总的动态电阻值随着退火时间增加呈现先减小、超过 24 h 后再增大、最后达到 48 h 又减小的现象。

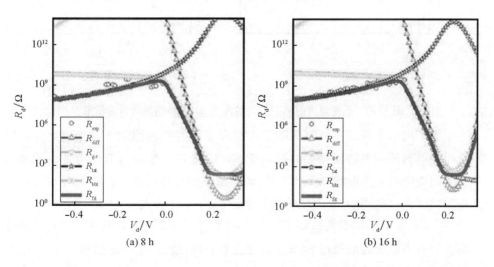

(a) 8 h (b) 16 h

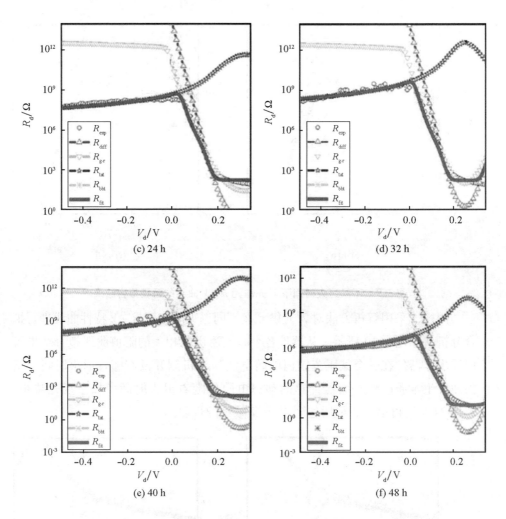

图 3.10 不同退火时间下 2# 光敏元 $R-V$ 曲线的解析拟合结果[7]

为了揭示器件动态电阻值随退火时间变化的物理原因，需提取并分析退火时间对器件主要特征参数的影响规律。1# 和 2# 光敏元各拟合特征参数随退火时间变化的关系曲线如图 3.11 所示。从图中可以看出，1# 和 2# 光敏元特征参数值在退火时间 16 h 内变化很微弱。当退火时间大于 24 h，$N_d \times N_a$、τ_0、E_t/E_g、N_t 和 R_s 特征参数值均发生了大的跳变，由此可以判断在当前实验条件下，只有当退火时间超过 24 h 后，才会对器件性能产生一定影响。

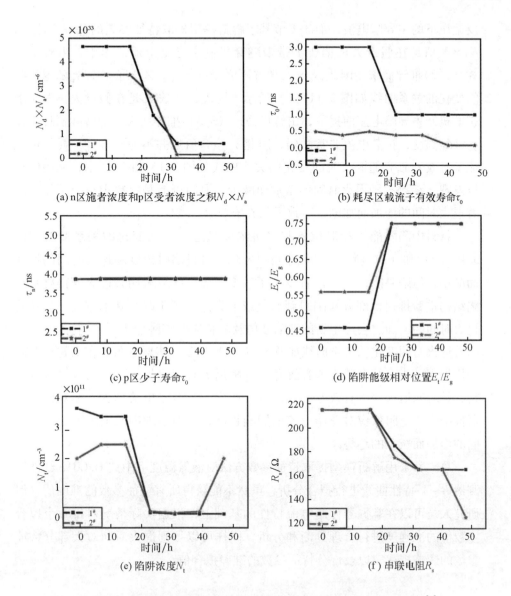

图 3.11 $1^\#$ 和 $2^\#$ 光敏元各拟合特征参数随退火时间变化的关系曲线[7]

特征参数 $N_d \times N_a$ 随退火时间变化的关系曲线如图 3.11（a）所示，$N_d \times N_a$ 随退火时间的增加而逐渐减小。从解析模型上分析，由于中波 HgCdTe 材料带隙相对较宽，大大减弱了载流子的带带隧穿效应[12]，并不能成为器件在大反偏压下的主导暗电流。而 3.1 节基于解析模型提取特征参数的基本方法中，$N_d \times N_a$ 值是在假设大反偏压下带带隧穿机制主导暗电流前提下，由解析公式（3.2）推导而来，因此 $N_d \times N_a$ 值并不完全准确。p 区少子寿命 τ_p 随退火时间变化的关系曲线如图 3.11（c）所示，同理，参数 τ_n 是在假设大正偏压下扩散机制主导暗电流前提下，由解析公式（3.3）推导而来，而实际器件工作在液氮温度，扩散电流非常微弱，因此 τ_n 拟合值也并不完全准确。耗尽区载流子有效寿命 τ_0 随退火时间变化的关系曲线如图 3.11（b）所示，从图中可以发现，参数 τ_0 随退火时间的增加而减少，原因可能是材料中载流子复合随着退火时间的增加而加剧，导致了载流子寿命的减少。

材料中陷阱能级相对位置和陷阱浓度随退火时间变化的关系曲线如图 3.11（d）和（e）所示。从图中可以发现，材料陷阱浓度随退火时间的增加而减小，但陷阱能级相对位置发生了改变。研究结果表明，退火使得材料缺陷结构重新排列，部分缺陷得到修复或消失，有利于减小缺陷浓度，但随着退火时间的增加也会产生新的缺陷结构及其相应的陷阱能级[13]。串联电阻 R_s 随着退火时间变化的关系曲线如图 3.11（f）所示，串联电阻 R_s 随着退火时间的增加而减小。结合载流子有效寿命 τ_0 随退火时间增加而减少的规律可以分析，长时间退火使得有效寿命 τ_0 减少，产生 - 复合暗电流增大，相对减弱了器件中串联电阻效应对总暗电流的影响程度，因而呈现串联电阻随着退火时间的增加而减小的趋势。

总之，采用解析模型提取特征参数方法对液氮温度下中波 HgCdTe 红外探测器 $R - V$ 特性曲线进行拟合分析，虽然不能获得所有特征参数的准确值，但研究人员可以在掌握器件暗电流特性的基础上，根据实际情况对每一个拟合参数值的准确度进行合理判断和分析，同样可以得到退火时间对大部分特征参数的影响规律，以及部分特征参数的准确拟合值。

3.4 Si 基 HgCdTe 红外探测器暗电流特性

CdZnTe 和 GaAs 与 HgCdTe 晶格比较匹配，是外延生长高质量 HgCdTe 的

第 3 章
基于解析模型的红外探测器暗电流特性分析

两种比较成熟的衬底材料，但是其与 Si 读出电路存在难以解决的热匹配问题，难以满足大规模红外 HgCdTe 焦平面阵列器件的要求。Si 基作为 HgCdTe 外延生长衬底材料，理论上可以完全解决与 Si 读出电路的热匹配问题，且具有均匀性好、材料成本低等优势[13]。然而，Si 基 HgCdTe 器件存在内部应力问题，会形成位错结构缺陷，对器件电学特性造成影响[14]。采用解析模型拟合方法，可以很好地对 Si 基 HgCdTe 红外探测器暗电流特性进行分析。

分别采用 LPE 和 MBE 外延方法，在 Si 基复合衬底上生长出 Hg 空位掺杂的 p 型 HgCdTe，然后基于 B$^+$ 注入工艺在 p 型材料表面形成 n 型 HgCdTe 层，最后生长钝化层和金属电极，得到 n−on−p 平面结 Si 基 HgCdTe 红外探测器样品。器件为 256×1 的线列结构，详细参数如表 3.3 所示。其中，x 为 Hg$_{1-x}$Cd$_x$Te 中的 Cd 组分，A 为光敏元面积，N_a 和 μ_p 分别为 p 区掺杂浓度和空穴迁移率。

表 3.3 器件材料参数对比[14]

样品	x	A/cm^2	N_a/cm^{-3}	$\mu_p/\text{cm}^2 \cdot (\text{V}\cdot\text{s})^{-1}$
LPE 器件	0.311 6	7.84×10^{-6}	5.0×10^{15}	280
MBE 器件	0.302 9	7.84×10^{-6}	4.3×10^{16}	70

对 LPE 和 MBE 两种外延方法制备的样品器件进行变温电学特性测试，样品器件用低温胶贴于制冷设备冷头上，使用电压触发，同时测量电压和电流。样品测试环境处于暗场下（零度视场角），排除背景辐射对器件暗电流特性测量结果的影响[14]。LPE 样品器件在 60 K、80 K 和 110 K 温度下的电学特性测量曲线和解析拟合结果如图 3.12 所示。

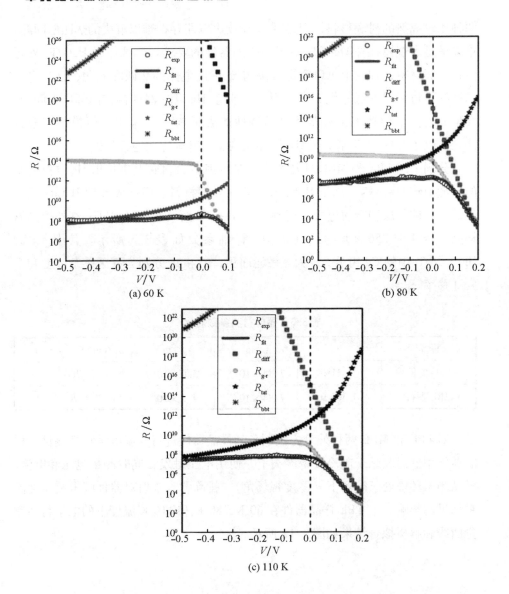

图 3.12　不同温度下 LPE 样品器件的电学特性测量曲线和解析拟合结果[15]

采用解析方法对 Si 基 LPE 样品器件 $R-V$ 特性曲线进行拟合分析,从器件各个暗电流机制相关的阻值曲线拟合结果可以看出,其暗电流机制主要呈现:①在正偏压下,器件低温时暗电流由产生-复合电流主导,随温度升高逐渐转变为由产生-复合电流和扩散电流共同主导;②在零偏压附近,60 K时器件暗电流由陷阱辅助隧穿电流主导,80 K时器件暗电流转变为由陷阱辅助隧穿电流和产生-复合电流共同主导,随着温度进一步上升,产生-复合电流逐渐增大并在110 K时成为器件主导暗电流;③在反偏压下,器件暗电流由陷阱辅助隧穿电流主导,直接隧穿电流对暗电流的贡献可忽略不计。

MBE样品器件在78 K温度下的电学特性测量曲线和解析拟合结果如图3.13所示。结果表明其暗电流机制主要呈现:①在零偏压附近,MBE样品器件暗电流由产生-复合电流和陷阱辅助隧穿电流共同主导,同时扩散电流也有所贡献;②在大反偏压下,器件暗电流由直接隧穿电流和陷阱辅助隧穿电流共同主导;③在反偏压小于0.5 V时,器件暗电流由陷阱辅助隧穿电流主导;④在小正偏压下,器件暗电流由产生-复合电流主导;⑤在大正偏压下,器件暗电流由扩散电流主导。

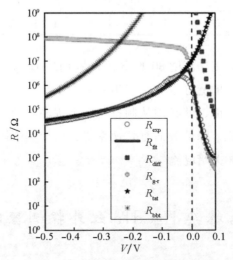

图3.13 MBE样品器件78 K下电学特性测量曲线和解析拟合结果[15]

与MBE器件相比,LPE器件在反偏压下一直由陷阱辅助隧穿电流主导,表明Si基LPE生长HgCdTe红外探测器的缺陷密度更大,需要在生长过程中进一步消除缺陷密度。特定温度下对应LPE和MBE样品器件的拟合特征参数如表3.4所示。从器件暗电流主导机制分析结果可知,在正偏压下,低温器件暗电流由产生-复合电流主导,并不是扩散电流主导,提取的少子寿命 τ_n 并不准确,同时高温下扩散电流对器件暗电流的影响增大,提取的耗尽区有效载流子寿命 τ_0 也不准确,因而两者在表中未列出相应值。从表 3.4 可以发现,LPE 器件陷阱浓度 N_t 随着温度升高而增大,串联电阻 R_s 随温度升高而减小,与表面漏电流相关的 R_{sh} 阻值和器件动态电阻值大小可相比拟,表明该器件存在较大表面漏电流。与 78 K 下 MBE 器件拟合参数相比,80 K 下 LPE 器件耗尽区有效寿命 τ_0 高于 MBE 器件,但陷阱浓度 N_t 也高于 MBE 器件。

表 3.4 特定温度下对应 LPE 和 MBE 样品器件的拟合特征参数[15]

样品	N_d/cm^{-3}	τ_0/ns	E_t/E_g	N_t/cm^{-3}	R_s/Ω	R_{sh}/Ω
LPE (60 K)	2.3×10^{16}	0.012	0.68	9.6×10^{11}	4.0×10^6	1.9×10^8
LPE (80 K)	2.3×10^{17}	0.510	0.57	2.8×10^{13}	2.0×10^3	1.1×10^8
LPE (110 K)	8.1×10^{16}	—	0.54	6.4×10^{13}	1.2×10^3	5.8×10^7
MBE (78 K)	2.2×10^{16}	0.120	0.56	1.3×10^{10}	5.6×10^3	2.8×10^8

综上所述,在工作温度 80 K 下,Si 基 HgCdTe 红外探测器零偏压附近暗电流主要由陷阱辅助隧穿电流、产生-复合电流和表面漏电流共同主导。要进一步提高器件性能,就必须从制备工艺上提高材料质量、降低结区陷阱浓度、改善表面钝化、降低表面复合速率等,以抑制陷阱辅助隧穿、产生-复合和表面复合等相关暗电流。

3.5 As 掺杂 HgCdTe 红外探测器暗电流特性

相比于传统 Hg 空位掺杂制备 p 型 HgCdTe 材料,As 掺杂具有结构稳定性高、杂质扩散系数低、空位结构缺陷浓度低等优点,有利于降低器件暗电流,因此得到广泛研究和应用[16]。采用 LPE 方法在 CdZnTe 衬底上生长出 As 掺杂 p 型 $Hg_{1-x}Cd_xTe$ 层,其中,As 掺杂浓度为 $3.94\times10^{15}\text{ cm}^{-3}$,组分 $x=0.2312$。然后基于 B^+ 注入工艺在 p 型材料表面形成 n 型 HgCdTe 层,最后生长 ZnS 和

CdTe 双层钝化层和金属电极，得到 As 掺杂 n‑on‑p 结构 HgCdTe 红外探测器件样品[16]。

为了研究不同温度下器件的暗电流主导机制，采用解析方法对样品在不同温度下 R‑V 特性曲线进行拟合分析，如图 3.14 所示。其中，光敏元大小

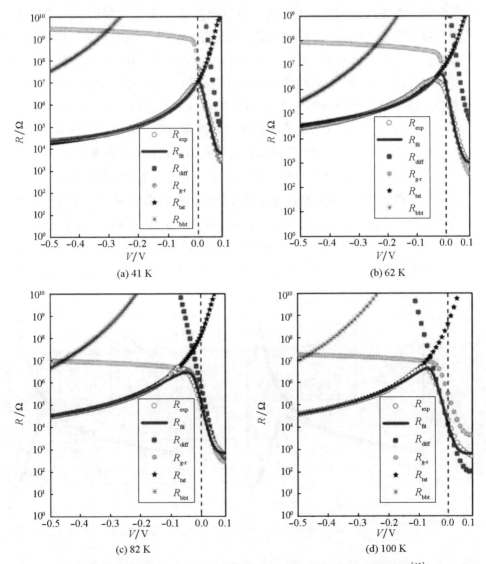

图 3.14　不同温度下 As 掺杂器件电学特性测量曲线和解析拟合结果[15]

为60 μm×60 μm。从图3.14可以看出，器件暗电流主导机制主要呈现如下规律：①在零偏压下，器件暗电流在41~62 K温度区间由产生-复合电流和陷阱辅助隧穿电流共同主导，在82~100 K温度区间，转变为由扩散电流和产生-复合电流共同主导；②在小正偏压下，器件暗电流在低温41 K时由产生-复合电流主导，在82 K时由产生-复合电流和扩散电流共同主导，随着温度进一步升高到100 K后，扩散电流增大并超过产生-复合电流对暗电流的贡献量；③在小反偏压下，低温下器件暗电流由产生-复合电流和陷阱辅助隧穿电流共同主导，82 K时转变为由扩散电流和产生-复合电流共同主导，随着温度进一步升高到100 K后，器件暗电流逐渐转变为由扩散电流主导；④在大反偏压下，器件暗电流由陷阱辅助隧穿电流主导，当反偏压进一步增大至0.5 V时，直接隧穿电流对器件暗电流的影响也不容忽视。

为了研究不同光敏元大小对器件性能的影响，采用解析方法对不同光敏元大小下样品 $R-V$ 特性曲线进行拟合分析，如图3.15所示。其中，光敏元为正方形，边长分别设置为30 μm、60 μm、90 μm、120 μm、150 μm。

从图3.15中可以看出，光敏元尺寸对器件暗电流的影响规律如下：①随着光敏元尺寸增大，直接隧穿电流逐渐增大，而产生-复合电流并没有明显变

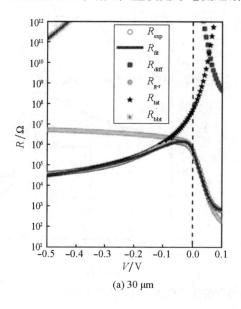

(a) 30 μm

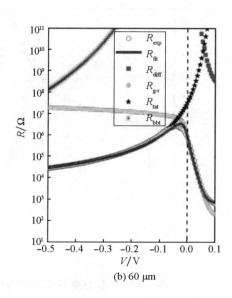

(b) 60 μm

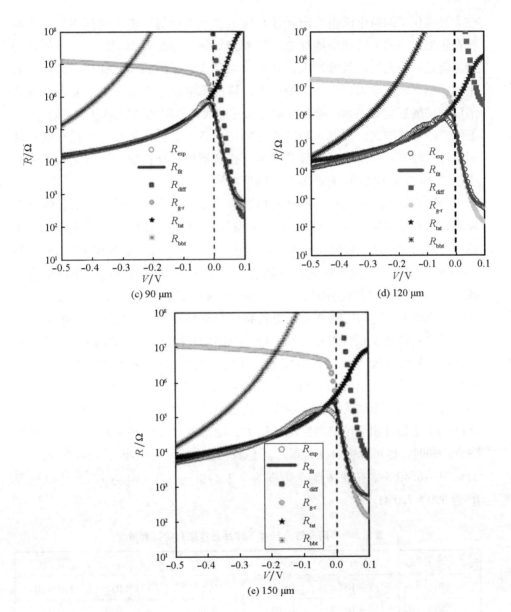

图 3.15 不同光敏元大小下 As 掺杂器件电学特性测量曲线和解析拟合结果[15]

化；②在小光敏元尺寸 30 μm、60 μm 以及 90 μm 下，器件在反偏压下的暗电流由陷阱辅助隧穿电流主导；③在大光敏元尺寸 120 μm 和 150 μm 下，器件在大反偏压下的暗电流由陷阱辅助隧穿电流和直接隧穿电流共同主导;④器件在正偏压下的陷阱辅助隧穿电流随着光敏元尺寸的增大而增大,分析认为这主要是因为光敏元尺寸增大,外延材料包含的缺陷数量可能更多,导致陷阱辅助隧穿电流增大;⑤在零偏压下,器件暗电流主要由产生-复合电流和陷阱辅助隧穿电流主导,随着光敏元尺寸增大,陷阱辅助隧穿电流逐渐增大,器件总暗电流增大。因此,相同的材料和制备工艺,光敏元尺寸较小则器件相对性能较高。为了降低器件暗电流,提高器件工作性能,需从工艺上进一步改进 As 掺杂 HgCdTe 材料质量,降低缺陷密度。

不同光敏元尺寸下样品器件的拟合特征参数如表 3.5 所示。从表中可以发现,当光敏元尺寸大于 60 μm 时,n 型 HgCdTe 掺杂浓度 N_d 随着光敏元尺寸的增大而增大,从光敏元尺寸 60 μm 时的 3.6×10^{15} cm^{-3} 增加到 150 μm 时的 8.6×10^{16} cm^{-3}。不同光敏元尺寸器件 p 型 HgCdTe 外延材料 As 掺杂浓度一致,p-n 结接触电势差将随着 n 区掺杂浓度的升高而增大[17],从而使得直接隧穿电流增大,这与之前器件暗电流特性分析结论一致。在较小光敏元尺寸下,器件陷阱能级 E_t 位置在 $0.6E_g$ 处。而在大光敏元尺寸 120 μm 和 150 μm 下,器件陷阱能级 E_t 位置相对较低,分别位于 $0.47E_g$ 和 $0.48E_g$ 处,使得 p 区价带电子隧穿至陷阱能级概率增大,随后在热激发辅助下到达 n 区导带,导致器件中陷阱辅助隧穿电流增大,这也与图 3.15 中大光敏元尺寸 120 μm 和 150 μm 下器件由于陷阱隧穿电流增大,动态电阻峰值向反偏压移动现象相吻合。同时,也可以拟合获得器件其他特征参数值,如结区有效寿命 τ_0 范围为 $0.01 \sim 0.40$ ns,陷阱浓度 N_t 范围为 $9.7 \times 10^{11} \sim 9.3 \times 10^{13}$ cm^{-3},串联电阻 R_s 为 $390 \sim 720$ Ω。

表 3.5 不同光敏元尺寸下样品器件拟合特征参数[15]

光敏元边长/μm	N_d/cm^{-3}	τ_n/ns	E_t/E_g	N_t/cm^{-3}	R_s/Ω
20	1.7×10^{18}	0.01	0.57	3.4×10^{13}	4.0×10^2
30	1.8×10^{15}	0.10	0.60	9.3×10^{13}	4.9×10^2
40	2.8×10^{17}	0.04	0.62	1.8×10^{13}	4.9×10^2
50	6.4×10^{15}	0.31	0.57	6.6×10^{12}	7.2×10^2

续表

光敏元边长/μm	N_d/cm^{-3}	τ_n/ns	E_t/E_g	N_t/cm^{-3}	R_s/Ω
60	3.6×10^{15}	0.28	0.53	3.1×10^{13}	5.2×10^2
70	5.0×10^{15}	0.40	0.59	1.2×10^{12}	4.6×10^2
80	2.0×10^{16}	0.30	0.54	9.7×10^{11}	3.9×10^2
90	2.3×10^{16}	0.34	0.53	6.8×10^{12}	4.9×10^2
100	2.9×10^{16}	0.27	0.54	1.9×10^{12}	4.1×10^2
120	4.7×10^{16}	0.19	0.47	4.6×10^{12}	4.4×10^2
150	8.6×10^{16}	0.24	0.48	7.3×10^{12}	4.3×10^2

3.6 本章小结

本章介绍了一种适用于半导体红外探测器暗电流分析的解析拟合模型。以 HgCdTe 为例，通过解析模型对不同 HgCdTe 红外光伏探测器的暗电流输运特性进行了拟合分析，能够提取实验上很难直接获得的物理参数：n 区掺杂浓度 N_d、p 区少子寿命 τ_n、耗尽区有效寿命 τ_0、陷阱能级相对位置 E_t/E_g、陷阱浓度 N_t 和串联电阻 R_s。但采用解析模型对红外探测器暗电流特性进行分析以及特征参数提取，需要研究者对解析模型的适用条件、器件特性具有较好的理解，才能结合实际情况对所拟合特征参数值的准确性进行判断和评估。本章主要结论如下：

（1）对长波 HgCdTe 红外探测器变温暗电流特性分析表明，特征参数 N_d、τ_n 和 R_s 均随温度升高而减小，N_t 随温度升高而增大，τ_0 随温度升高而增大；低温下器件材料陷阱能级由 $0.55E_g$ 主导，高温下转由 $0.45E_g$ 主导，中间温度 55~90 K 由两种陷阱能级共同主导。

（2）中波 HgCdTe 红外探测器退火暗电流特性分析表明，退火并不会引起中波器件暗电流主导机制发生改变；当退火时间达到 24 h，才能对器件性能产生影响，当退火时间超过 24 h 后，器件在 $0.75E_g$ 处出现新的陷阱能级；

器件特征参数 τ_0、N_t 和 R_s 随着退火时间增加而呈现减小趋势。

(3) 对 Si 基 HgCdTe 红外探测器暗电流特性进行解析拟合分析，器件暗电流主导机制主要呈现以下规律：在正偏压下，低温时器件暗电流由产生－复合电流主导，温度较高时转由产生－复合电流和扩散电流共同主导；在零偏压和小反偏压下，低温时器件暗电流由陷阱辅助隧穿电流主导，随着温度升高转由陷阱辅助隧穿电流和产生－复合电流共同主导，高温时变为产生－复合电流主导；在反偏压下，器件暗电流由陷阱辅助隧穿电流主导，在大反偏压下器件直接隧穿电流对暗电流的影响逐渐显现。

(4) 对 As 掺杂 HgCdTe 红外探测器暗电流特性分析表明，不同温度下器件暗电流主导机制与 Si 基 HgCdTe 红外探测器类似；在小光敏元尺寸 30～90 μm 下，器件在反偏压下的暗电流由陷阱辅助隧穿电流主导，而在大光敏元尺寸 120～150 μm 下，器件在大反偏压下的暗电流则由陷阱辅助隧穿和直接隧穿电流共同主导；随着光敏元尺寸增大，n 区掺杂浓度 N_d 逐渐增大，陷阱能级 E_t 位置相对变低，陷阱辅助隧穿电流和直接隧穿电流增加。

参考文献

[1] AJISAWA A, ODA N. Improvement in HgCdTe diode characteristics by low temperature post-implantation annealing[J]. Journal of Electronic Materials, 1995, 24(9): 1105-1111.

[2] GILMORE A S, BANGS J, GERRISH A. VLWIR HgCdTe detector current-voltage analysis[J]. Journal of Electronic Materials, 2006, 35(6): 1403-1410.

[3] GILMORE A S, BANGS J, GERRISH A. Current voltage modeling of current limiting mechanisms in HgCdTe focal plane array photodetectors[J]. Journal of Electronic Materials, 2005, 34(6): 913-921.

[4] QUAN Z J, CHEN X S, HU W D, et al. Modeling of dark characteristics for long-wavelength HgCdTe photodiode[J]. Optical and Quantum Electronics, 2006, 38(12/14): 1107-1113.

[5] 全知觉.碲镉汞红外探测器的性能分析研究[D].上海:中国科学院上海技术物理研究所,2007.

[6] SMITH E P G, PHAM L T, VENZOR G M, et al. HgCdTe focal plane arrays for dual-color mid-and long-wavelength infrared detection[J]. Journal of Electronic Materials, 2004, 33(6): 509-516.

[7] 许娇.红外探测器暗电流成份分析和机理研究[D].上海:中国科学院上海技术物理研究所,2016.

[8] SCOTT W, STELZER E L, HAGER R J. Electrical and far-infrared optical properties of p-type $Hg_{1-x}Cd_xTe$[J]. Journal of Applied Physics, 1976, 47(4): 1408-1414.

[9] 赵真典,陈路,傅祥良,等.MBE生长碲镉汞的砷掺入与激活[J].红外与毫米波学报,2017,36(5):575-580.

[10] 黄亮,景友亮,刘希辉,等.$InN_{0.01}Sb_{0.99}$薄膜的红外反射光谱及探测特性和退火的影响[J].红外与毫米波学报,2015,34(4):437-441.

[11] 李平,李洵,邓双燕,等.不同退火处理的台面型$In_{0.83}Ga_{0.17}As$ pin光电二极管暗电流分析[J].红外与激光工程,2016,45(5):0520002-1-0520002-6.

[12] 曹建中.半导体材料的辐射效应[M].北京:科学出版社,1993.

[13] 何力,杨定江,倪国强.先进焦平面技术导论[M].北京:国防工业出版社,2011.

[14] 岳婷婷,殷菲,胡晓宁.硅基HgCdTe光伏器件的暗电流特性分析[J].激光与红外,2007,37(B09):931-934.

[15] 殷菲.碲镉汞红外探测功能结构的光电性能研究[D].上海:中国科学院上海技术物理研究所,2010.

[16] 刘斌.砷掺杂基区n-on-p长波光伏碲镉汞探测器的光电特性研究[D].上海:中国科学院上海技术物理研究所,2009.

[17] 刘恩科,朱秉升,罗晋生.半导体物理学[M].北京:电子工业出版社,2011.

第4章

红外探测器的激光束诱导电流谱表征方法

激光束电流显微和微区光电流扫描法是目前较为前沿的无损光电功能表征技术,被广泛应用于传统半导体材料和先进微纳材料及其光电功能结构的表征和分析[1-10]。扫描 LBIC 信号代表了样品中具有光电机制的特征空间分布[11-14],不仅可以从中迅速得到阵列器件的失效元、光敏元面积、占空比,而且可以分析得到样品的光电特征参数、能带结构、结电场分布等丰富信息[15-19]。这种微区光电功能表征手段对提高光电器件分析效率、降低光电器件研制成本,以及揭示器件光电转换机理具有非常重要的意义。本章首先介绍 LBIC 的基本原理和样品的相应处理方法。然后搭建高精密的新型 LBIC 平台,对采用传统 B^+ 注入成结和新型脉冲激光打孔成结两种技术的 HgCdTe 光伏阵列探测器进行变温 LBIC 扫描和测量,得到反映两种工艺状况和器件性能的实验结果。最后通过建立 LBIC 的数值仿真模型,模拟和分析两种工艺对 HgCdTe 材料和光伏器件性能的影响机制,为后续改善相应工艺技术、提高器件性能提供理论指导。

第 4 章
红外探测器的激光束诱导电流谱表征方法

4.1　LBIC 的基本原理

传统的光学检测方法，需要对样品 p-n 结两端分别连接电极，以引出光电测量信号。这种检测方法由于直接电学接触会损伤 p-n 结单元，对器件性能造成影响；而且每检测一个 p-n 结单元都要进行电极接触，检测效率低，无法进行器件制备中期检测和筛选。而 LBIC 检测技术只需要在远离 p-n 结的器件两端分别增加一个电极，引出激光束诱导电流信号，就可以对其中所有的 p-n 结单元进行 LBIC 测量。LBIC 测试并不需要对 p-n 结单元进行直接的电极接触。因此，LBIC 检测效率高且对器件不会造成第二次损伤，如图 4.1 所示。

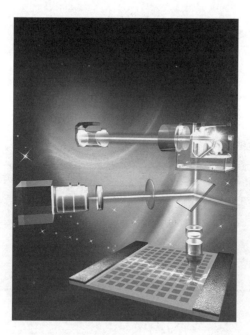

图 4.1　阵列器件的 LBIC 检测示意图（见彩插）

LBIC 信号的产生原理示意图和典型的 LBIC 信号曲线如图 4.2 所示。以典型的 n^+-on-p 型 HgCdTe 光伏器件样品为例,当光子能量大于材料禁带宽度的激光束聚焦在样品表面时,会产生大量光生电子-空穴对。横向扫描光斑靠近 p-n 结空间电荷区一个或几个少子扩散长度范围内时,产生的光生载流子扩散至附近结区,并在内建电场作用下分离。由于 HgCdTe 的电子迁移率比空穴迁移率高很多,进入 n 区的光生电子(图中标记为"-")迅速趋于均匀分布,与留在 p 区的光生空穴(图中标记为"+")形成横向电场。在横向电

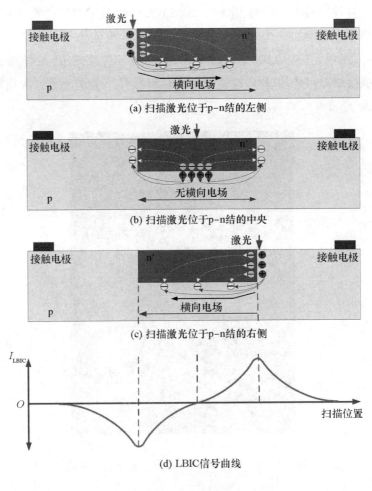

图 4.2 LBIC 信号的产生原理示意图和典型的 LBIC 信号曲线

第 4 章 红外探测器的激光束诱导电流谱表征方法

场的作用下，p 区光生空穴与 n 区光生电子一方面通过内部回流路径进行复合，另一方面通过器件外部电路回流进行复合，形成 LBIC 信号，如图 4.3 所示。

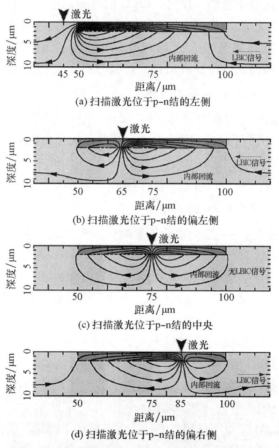

图 4.3　不同激光辐照位置下的器件电流路径图[20]

激光在样品表面扫描时，诱导产生的横向电场方向随着辐照位置而发生改变，使得 LBIC 信号极性也随之发生变化。理想 n^+-on-p 型 HgCdTe 光伏器件的 LBIC 信号为对称的正负双峰曲线。假设测量电路的电流方向从左至右为负，对 LBIC 信号的正负双峰特性进行如下解释。

1. 扫描激光位于 p-n 结的左侧

光生载流子进行扩散，被 p-n 结收集并分离，空穴积累于结区左侧，从而形成从左向右的横向电场,如图4.2(a)所示。LBIC信号为负,器件电流分布如图4.3(a)所示。扫描光斑离p-n结越远,被结区收集的光生载流子就越少,LBIC信号则越弱。反之,LBIC信号则越强,在靠近p-n结处达到峰值。只有当激光光斑位于离空间电荷区一个或几个少子扩散长度范围内时,光生载流子才能在完全复合之前被结区收集,产生LBIC信号。因此,对LBIC信号的衰减曲线进行指数拟合,可以得到载流子的等效扩散长度[21]。

2. 扫描激光位于p-n结的右侧

LBIC信号的产生过程与情况(1)类似,唯一不同的是,光生空穴被p-n结收集并分离,积累于结区右侧,从而形成从右向左的横向电场,如图4.2(c)所示。LBIC信号为正,器件电流分布如图4.3(d)所示。因此,通过测量LBIC信号双峰的间隔,可以准确得到p-n结光敏元横向尺寸(扫描方向)的大小。

3. 扫描激光位于p-n结的中央

当激光辐照在p-n结的中心位置时,光生空穴被内建电场分离,均匀分布在结区两侧,没有产生横向电场,如图4.2(b)所示。此时LBIC信号为零,器件电流分布如图4.3(c)所示,仅有内部回流。

HgCdTe器件的制备工艺较复杂,通常器件的表面材料存在各种电活性缺陷,如离子注入时引入的结构缺陷、脉冲激光打孔引入的反型层、刻蚀的影响等,这些缺陷会形成局部内建电场。当激光束扫描这些局部电场区域时,会产生相应的LBIC信号。因此,LBIC显微信号反映了样品中具有光电活性特征的空间分布。其物理过程主要包含了载流子的连续性方程、电流密度方程、光生载流子的产生过程。相应的表达式详见第2章器件物理模型公式(2.30)~(2.34)。由于LBIC信号是在零偏压下测量,器件的隧穿效应和雪崩效应可忽略不计,载流子产生-复合过程主要有SRH复合、辐射复合和俄歇复合。基于LBIC表征方法,从实验和理论仿真上分析了采用传统B^+注入成结和新型脉冲激光打孔成结两种制备工艺下的HgCdTe光伏阵列器件性能。

4.2 高精度LBIC平台的搭建方法

LBIC的系统结构主要分为两种,如图4.4所示。LBIC测试系统主要包含

第 4 章
红外探测器的激光束诱导电流谱表征方法

以下几个部分：激光光源、CCD 相机、计算机、样品温度控制仪、锁相放大电路和扫描控制系统。两种系统结构的主要差别在于扫描样品的方式不同。第一种结构采用移动平台控制样品移动进行扫描。第二种结构采用压电陶瓷振镜系统（Galvo 系统）控制激光方向进行扫描，精密度更高，速度更快，结构简单便于操作。此处采用第二种结构，并搭建了相应的 LBIC 测试系统，实物如图 4.5 所示。

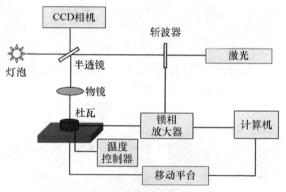

(a) 通过二维移动平台改变样品位置进行扫描

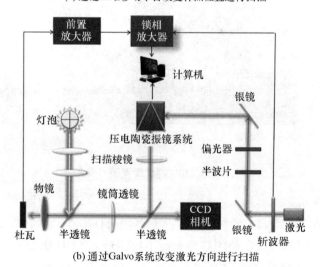

(b) 通过 Galvo 系统改变激光方向进行扫描

图 4.4　两种不同结构框架的 LBIC 测试系统

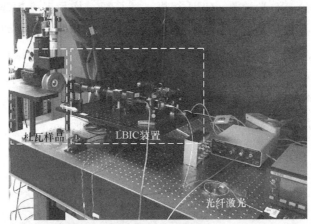

(a) 整个LBIC测试平台

(b) 核心LBIC装置

图4.5　LBIC 测试装置图（见彩插）

　　光纤激光经过衰减进入扫描 Galvo 系统，然后经扫描棱镜、半透半反镜聚焦在样品表面。通过 Galvo 系统可以上下、左右全方位调节激光束方向，对样品进行二维扫描检测。照明灯经半透半反镜进入 CCD 成像光学通道，为可见光 CCD 成像提供照明。CCD 成像光学系统和扫描激光聚焦光学系统共同拥有部分光学通道，如图 4.5（b）中两束光路的重叠部分所示。如何调节相关光学元件的位置使得激光聚焦在样品表面时，CCD 通道刚好能同时对样品进行清晰成像，以便观察聚焦位置和样品结构，这是搭建 LBIC 测试系统的关键和难点所在。在系统中，激光经过物镜后的聚焦光斑约为 1 μm，接近衍射极限，满足了检测的空间分辨率要求。LBIC 信号非常微弱，约为纳安量级，需要对光纤激光进行调制，然后经过前置放大电路和锁相放大电路进行解调和输出。温度控制仪可以对杜瓦瓶中采用液氮制冷的样品进行温度调节，以测量不同工作温度下的 LBIC 信号。

为了验证该平台的可靠性，对一 HgCdTe 焦平面阵列器件样品进行了 LBIC 二维扫描测量。首先，调节 LBIC 光路，使得入射激光水平聚焦在样品表面时，CCD 共轴成像光路刚好能够对样品进行清晰成像，如图 4.6（a）所示。然后，调节样品的位置，确定 LBIC 扫描微区。最后，关掉 CCD 白光照明灯，设置好扫描 Galvo 系统软件的扫描步长和速度，对样品进行扫描，LBIC 显微图像经过锁相放大器后显示在计算机上，如图 4.6（b）所示。图 4.6 给出了待测样品的 CCD 光学成像图和 LBIC 显微图像对比。

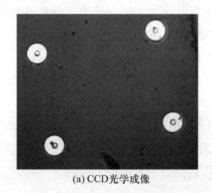
(a) CCD 光学成像

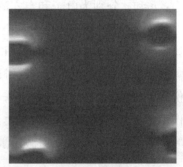
(b) LBIC 显微图像

图 4.6　待测样品的 CCD 光学成像和 LBIC 显微图像对比（见彩插）

4.3　LBIC 的物理模型和数值仿真

通过数值求解半导体器件工作的基本方程，即描述在外加作用影响下，半导体内载流子的静态和动态行为的方程，然后得到电流。基于 LBIC 的基本器件构型，需从器件内部载流子的状态及运动出发，根据器件的几何结构及杂质分布情况，建立标准的二维稳态漂移－扩散模型[22]，其由电子与空穴的连续性方程、泊松方程和电流输运方程组成[23-26]。

稳态电子与空穴连续性方程：

$$\nabla \cdot \boldsymbol{J}_n = q(R-G) + q\frac{\partial n}{\partial t} \tag{4.1}$$

$$\nabla \cdot \boldsymbol{J}_p = q(R-G) - q\frac{\partial p}{\partial t} \tag{4.2}$$

泊松方程：

$$\nabla \varepsilon \cdot \nabla \psi = -q(p - n + N_{D+} - N_{A-}) \tag{4.3}$$

式中：R 为载流子复合率；G 为载流子产生率；$\boldsymbol{J}_n$ 和 $\boldsymbol{J}_p$ 分别为电子和空穴电流密度。$\boldsymbol{J}_n$ 和 $\boldsymbol{J}_p$ 分别可以表述为扩散和漂移电流的总和：

$$\boldsymbol{J}_n = qn\mu_n \boldsymbol{E}_n + qD_n \nabla n \tag{4.4}$$

$$\boldsymbol{J}_p = qp\mu_p \boldsymbol{E}_p - qD_p \nabla p \tag{4.5}$$

式中：n 和 p 分别为电子和空穴浓度；q 为电子电荷；ε 为半导体介电常数；ψ 为电势；D_n 和 D_p 分别为电子和空穴扩散系数；$\boldsymbol{E}_n$ 和 $\boldsymbol{E}_p$ 分别为电子和空穴有效电场强度；μ_n 和 μ_p 分别为电子和空穴迁移率。

激光照射采用平面波（系列光子束）进行模拟，即将平面波划分成小份，每份用一维的光线（光子束）来代替，多束一维光线模拟的结果近似于平面波作用于器件（平面波的划分大于器件结构的划分）。通过设定光强分布和窗口形状来设定激光的照射。假设激光束沿 z 方向，光生载流子过程可表达为[27]：

$$G^{\mathrm{opt}}(z,t) = J(x,y,z_0)\alpha(\lambda,z)\exp\left[-\left|\int_{z_0}^{z}\alpha(\lambda,z)\mathrm{d}z\right|\right] \tag{4.6}$$

式中：λ 为光波长；$\alpha(\lambda,z)$ 为半导体材料光吸收系数；$J(x,y,z_0)$ 为光束在器件表面的强度分布；z_0 为光接触器件的表面起始点。

在 LBIC 物理模型中，载流子的产生－复合过程主要包含 SRH、俄歇和辐射复合过程，相应表达式如下[28-31]：

$$R_{\mathrm{RSH}} = \frac{pn - n_i^2}{\tau_p\left[n + n_i \cdot \exp\left(\dfrac{E_t - E_i}{kT}\right)\right] + \tau_n\left[p + n_i \cdot \exp\left(\dfrac{E_i - E_t}{kT}\right)\right]} \tag{4.7}$$

$$R_{\text{Auger}} = (\gamma_n n + \gamma_p p)(pn - n_i^2) \quad (4.8)$$

$$R_{\text{rad}} = B_{\text{rad}}(np - n_i^2) \quad (4.9)$$

式中：n_i 和 E_i 分别为材料本征载流子浓度和本征费米能级；E_t 为复合中心能级；γ_n 和 γ_p 为俄歇复合系数；B_{rad} 为辐射复合系数。在这三种复合过程中，SRH 复合可通过改进器件制备工艺进行控制或抑制，而其他两种过程主要在窄禁带红外光伏器件中占主导。特别地，俄歇复合过程将随着温度的升高而迅速增强，当器件接近室温时将成为复合过程的主导机制[32]。

为了考虑红外器件的隧穿效应，在产生 - 复合模型中，还需加入带带隧穿和陷阱辅助隧穿模型[33]。带带隧穿效应所引入的产生率表达式为：

$$G_{\text{bbt}} = A_{\text{bbt}} \cdot \boldsymbol{E}^2 \cdot \exp\left(-\frac{B_{\text{bbt}}}{E}\right) \quad (4.10)$$

式中：A_{bbt} 和 B_{bbt} 为带带隧穿效应的特征参数值；$\boldsymbol{E}$ 为电场强度。陷阱辅助隧穿过程可以描述为[33]：

$$R_{\text{tat}} = \frac{pn - n_i^2}{\frac{\tau_p}{1+\Gamma_p}\left[n + n_i \cdot \exp\left(\frac{E_t - E_i}{kT}\right)\right] + \frac{\tau_n}{1+\Gamma_n}\left[p + n_i \cdot \exp\left(\frac{E_i - E_t}{kT}\right)\right]} \quad (4.11)$$

式中：Γ_n 和 Γ_p 分别为电子和空穴在辅助隧穿效应下从陷阱激发的增强因子。上述模型中参数如表 4.1 所示。其中，$\Delta E_{n,p}$ 为电子或空穴隧穿过程的能量差；u 为积分变量。

表 4.1 模型中相关参数的表达式

参数	表达式
B_{rad}	$\dfrac{1}{n_i^2}\dfrac{8\pi}{h^3 c^2}\displaystyle\int_0^\infty \dfrac{\varepsilon(E)\alpha(E)E^2 \mathrm{d}E}{\exp\left(\dfrac{E}{kT}\right)-1}$
A_{bbt}	$-\dfrac{q^3}{4\pi^3 h^2}\dfrac{\sqrt{2m_e^*}}{\sqrt{E_g}}$

续表

参数	表达式
B_{bbt}	$\dfrac{\pi \sqrt{m_e^*/2} E_g^{3/2}}{2q\hbar}$
$\Gamma_{n,p}$	$\dfrac{\Delta E_{n,p}}{kT}\int_0^1 \exp\left(\dfrac{\Delta E_{n,p}}{kT}u - K_{n,p}u^{3/2}\right)du$
$K_{n,p}$	$\dfrac{4}{3}\dfrac{\sqrt{2m_{trap}}(\Delta E_{n,p})^3}{q\hbar|E|}$

4.4 LBIC 对红外器件特征参数的表征

迄今为止，LBIC 作为无损检测方法已广泛用于红外光伏阵列的表征。可以对结区深度和长度、少子扩散长度、局域漏电流等进行测试和分析，同时通过扫描 LBIC 的二维图谱还可对前沿二维材料纳米光电子器件的响应区域、能带结构、结电场分布等物理特征进行评估。

4.4.1 LBIC 提取结区深度和长度

Redfern 等[4]首次解释了温度对 LBIC 曲线中峰峰值的影响，研究表明，当器件处于低温时，峰峰值处于饱和状态。在这种饱和状态下，结电阻足够大以至于在 LBIC 电流路径中占主导作用。因此，此时 LBIC 峰峰值与半导体材料性质无关。通过测量 LBIC 峰峰值的大小可以提取 p-n 结的相关结构参数，如结深、结长、结宽等，从而极大地降低了分析的复杂性。图 4.7 模拟了不同组分 HgCdTe 光电二极管的 LBIC 峰峰值随温度的变化过程[25]，从图中可以发现，当温度降低到一定程度时，LBIC 峰峰值趋于饱和值 1。

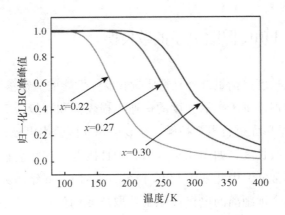

图 4.7 $Hg_{1-x}Cd_xTe$ 光电二极管的 LBIC 峰峰值随温度变化的仿真结果[25]

$Hg_{0.69}Cd_{0.31}Te$ 光电二极管的 LBIC 峰峰值饱和阈值温度低于 200 K。研究人员测量了其在 170 K 下的 LBIC 曲线,通过数值仿真模拟得到了不同结区深度和结区长度下的 LBIC 曲线,如图 4.8 所示。从图中可以发现,LBIC 峰峰值的大小与结区深度和结区长度呈线性关系,从而通过仿真曲线与实测 LBIC 曲线的拟合,可以实现对光伏器件结区深度和长度等结构参数的提取。

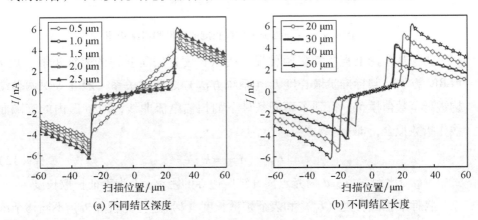

(a) 不同结区深度 (b) 不同结区长度

图 4.8 $Hg_{0.69}Cd_{0.31}Te$ 的 p-n 结在不同结区深度和结区长度下的 LBIC 仿真结果[25] (见彩插)

4.4.2 LBIC 提取少子扩散长度

少子扩散长度是衡量红外材料质量和器件性能的关键参数,采用 LBIC 方法可以实现对器件少子扩散长度的快速无损表征和测量[17,34]。传统的测量方法是对 p-n 结单元进行电学接触,从 p 区和 n 区引出电极,对得到的电流进行分析提取扩散长度,如图 4.9 所示。但直接电学接触会损伤 p-n 结单元,且检测效率非常低,因此采用 LBIC 技术,不对 p-n 结单元进行直接电学接触,而采用两个远距离的电极接触来获取单元的信号,从中得到等效扩散长度 L。这样的方法对于红外焦平面芯片的中期筛选特别有效,因为该方法不会影响焦平面芯片中各个像元的进一步流片。

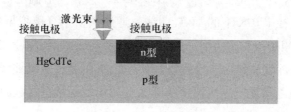

图 4.9 p-n 结少子扩散长度的标准测量结构图

为了从理论上直接考察两种提取扩散长度方法所获得的表征扩散长度 L(LBIC 方法)与标准扩散长度 L_p(系统方法)之间的关系,殷菲等对两种结构进行了数值模拟,得到了不同条件下的扫描电流曲线,对 p 区内的衰减曲线作指数拟合,即

$$|I_{\text{LBIC}}(d)| = k \cdot e^{-\frac{d}{L}} \quad (4.12)$$

式中:k 为比例常数;d 为光点离开结区边界的距离;L 为表征扩散长度。

将标准扩散长度(L_p)和表征扩散长度(L)进行比较分析,不同掺杂浓度下 HgCdTe 光电二极管对两种少子扩散结构的激光诱导光电流曲线如图 4.10 所示[35]。

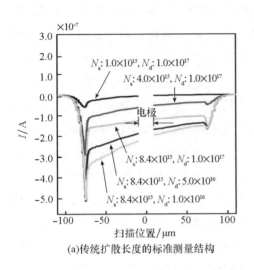
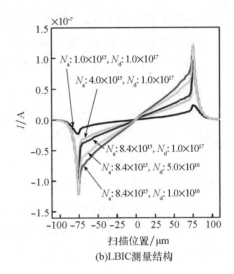

(a) 传统扩散长度的标准测量结构　　　　(b) LBIC测量结构

图 4.10　不同掺杂浓度下 HgCdTe 光电二极管对两种少子扩散结构的激光诱导光电流曲线
(图中掺杂浓度单位为 cm^{-3})[35]

从两种方法中提取的少子扩散长度如表 4.2 所示[34]。从表中可以发现 L/L_p 比值接近 1，与掺杂浓度的大小无关。同时，人们进一步研究了不同载流子寿命和载流子迁移率对 L/L_p 比值的影响，两者的比值都接近 1。采用 LBIC 方法在实际器件中分析提取扩散长度时，可以根据事先在相关参数下的 L/L_p 比值来修正表征扩散长度值 L，最终获得准确的少子扩散长度 L_p。

表 4.2　不同掺杂浓度 N_a 和 N_d 下 L/L_p 比值[34]

N_a/cm^{-3}	N_d/cm^{-3}	等效扩散长度 $L/\mu m$	标准扩散长度 $L_p/\mu m$	L/L_p
1.0×10^{15}	1.0×10^{17}	8.34	7.81	1.07
4.0×10^{15}	1.0×10^{17}	6.09	5.73	1.06
8.4×10^{15}	1.0×10^{17}	5.34	4.97	1.07
8.4×10^{15}	5.0×10^{16}	5.41	5.02	1.08
8.4×10^{15}	1.0×10^{16}	5.40	5.06	1.07

实验所用的 LBIC 测试样品是由 LPE 生长的 p 型 $Hg_{1-x}Cd_xTe$ ($x = 0.2242$) 材料,经过 B^+ 注入,然后在样品边缘未注入的 p 型材料的上表面,引出两个远端的 LBIC 测试电极得到的。在两电极之间,是周期排列的、间距为 150 μm、边长为 50 μm 的正方形注入孔。在室温下,用聚焦后光斑直径为 1.5 μm 的 He-Ne 激光光源照射样品,然后移动样品台使激光对注入区做直线扫描,实时采集经过 SR830 DSP 锁相放大器输出的激光束诱导电流信号。

测试结果如图 4.11(a)所示,类似于正弦曲线,周期为 200 μm,正好等于样品的注入孔边长和间距之和。波峰和波谷对应着 B^+ 注入形成的 n^+ 区的两个侧面 p-n 结界面,这是因为结区边界处电场最强,产生的信号也最强。而在注入区中心,两侧的横向电场方向相反,大小相等,净场为零,信号为零。在结区外一个扩散长度 L 内,激光激发的载流子仍可以通过扩散到达结区边界而产生信号,但能收集到的载流子数目随着距离的增大而迅速减少,响应信号呈指数规律衰减。

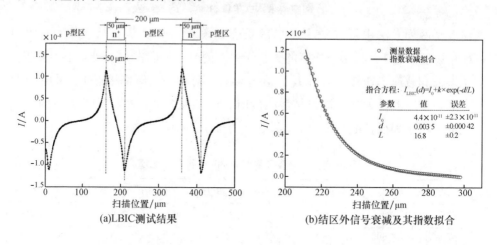

(a)LBIC测试结果   (b)结区外信号衰减及其指数拟合

图 4.11 器件的 LBIC 测试结果和结区外信号衰减指数拟合

按照典型数据处理方法,对 p 区内的衰减曲线作指数拟合[35],如图 4.11(b)所示,得到表征扩散长度 $L = 16.8$ μm,根据表 4.2 的结果,表征扩散长度 L 和标准扩散长度 L_p 的比例关系为 $L/L_p \approx 1.1$,因此该 p 型材料的电子扩散长度为 $L_p = L/1.1 = 15.3$ μm。将该结果与 Redfern 等[17]对组分为 $x = 0.22$ 的样品给出的扩散长度比较,他们的样品在温度为 200 K 时扩散长度约为 20 μm,而温度继续上升时,扩散长度减小,可以得知提取的室温下电子扩散长度 L_p = 15.3 μm 是合理的。

结果表明,LBIC 方法测试载流子扩散长度的方法确实是可行的,即将所获得的等效扩散长度 L 除以 1.1 因子进行修正可得到合理的 HgCdTe 光伏器件中电子扩散长度的数值,这将使 LBIC 测试方法更合理地应用于测量 HgCdTe 红外焦平面芯片中各像元器件中光生载流子扩散长度,进而考察器件工艺形成的扩散长度特性非均匀性等关键工艺问题。

4.4.3 结区局域漏电表征

局域缺陷是限制 HgCdTe 红外焦平面阵列性能的主要因素之一。局域缺陷,通常包括点缺陷、线缺陷和面缺陷,能够影响 p-n 结的整体完整性,并会显著降低光电二极管性能。LBIC 作为一种高效、无损表征方法可用于结区电学特性测量与分析。Redfern 等[12,20]研究了沿 p-n 结水平方向不同位置局域漏电下的 LBIC,采用了一小块金属连接 p-n 结两侧模拟漏电现象[36],p-n 结局域漏电的模型结构如图 4.12 所示。研究表明,当局域漏电点在器件中处于非对称时,测量得到的 LBIC 曲线也呈现非对称性。漏电流位置和大小为两个影响诱导电流的因素,都使诱导电流沿 p-n 结水平方向有一定偏移量,可以用偏移量的大小来表征漏电流大小。但是,将局域漏电等效成一个金属块并不能很好地符合红外光伏器件的实际工作情况。

在此基础上,研究人员改进了结区局域漏电模型,采用一小块具有极短载流子寿命的 HgCdTe 材料代替原有的金属块[37]。在该模型下,可以研究红外光伏器件在实际工作过程中,多种电流机制,如陷阱辅助隧穿、产生-复合和扩散电流,对结区漏电流大小的影响。此外,还能够研究结区漏电流对温度的依赖关系。在不同温度下,红外器件结区局域漏电的 LBIC 测量曲线如图 4.13 所示。

首先,从图 4.13 中可以看出,LBIC 曲线呈非对称性分布,表明样品结构存在结区局域漏电现象。局域缺陷降低了回路电流通过漏电位置穿越 p-n 结

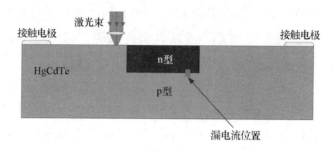

图 4.12　p-n 结局域漏电的 LBIC 模型结构

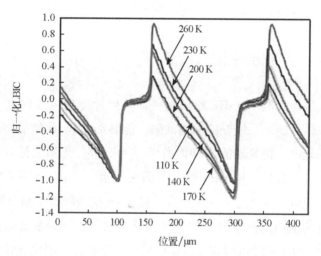

图 4.13　温度从 110~260 K 的结区局域漏电 LBIC 测量曲线[37]（见彩插）

的阻值，大部分激光诱导电流通过局域漏电点形成回路，而不是传输至外部电路，形成 LBIC 信号。此外，LBIC 曲线的对称性随着温度变化而变化，在一定程度上反映了器件主导电流机制的改变。在不同的温度下，器件的主导电流机制不一样。当温度低于 170 K 时，扩散电流和产生-复合电流都很小。然而，随着温度的上升，深能级陷阱逐渐被激活并导致 SRH 寿命的减少。此时 LBIC 曲线的非对称性随着温度的上升进一步加剧。当温度高于 170 K 时，扩散电流成为主导电流。随着温度的进一步上升局域漏电流成分相对降低，LBIC 曲线趋向于对称性分布。值得一提的是，当局域漏电位置处于器件中心时，LBIC 曲线也会呈现对称性分布，很难通过 LBIC 曲线来判断器件是否存在结区局域漏电现象。

4.4.4 扫描光电流谱表征二维材料纳米器件

扫描光电流谱(scanning photocurrent microscopy,SPCM)作为一种典型的二维LBIC图,已成功应用于一系列新型纳米器件的电学特性表征研究,如碳纳米管晶体管[6,38-40]、石墨烯晶体管[41]、MoS_2晶体管[42-43]和半导体纳米线等[44-49]。

LBIC信号的产生本质来源于光生电子-空穴对的分离,因而其对局部内建电场的分布非常敏感,是表征研究纳米电子器件电学输运的有效手段之一。2007年,Ahn等[38]采用SPCM方法研究了双极性碳纳米管晶体管的内部p-n结电学性质。从SPCM图可以看出,在两电极接触附近均存在局域光电流峰,其原因主要是金属与碳纳米管接触形成了电学能带弯曲,从而存在局域电场。同时,光电流峰的正负极性表明能带朝着碳纳米管的中间向上弯曲,如图4.14所示。除此之外,SPCM图还能提供有关肖特基接触、金属/纳米材料

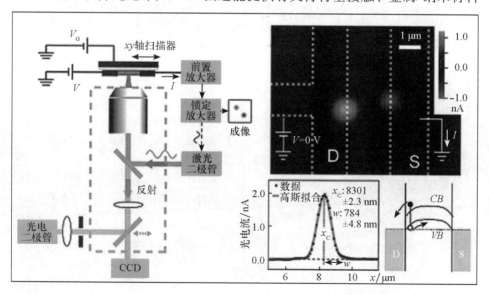

图4.14 SPCM设备结构和碳纳米管半导体器件的SPCM表征图[45](右下插图分别为光电流峰的高斯拟合以及电极接触光电流峰的形成机理)

界面能带结构、局域缺陷分布等重要电特性信息[40,44]。

由于具有极高的电子迁移率、独特的机械性能以及原子层厚度,石墨烯成为制备新型光电器件的理想材料之一。然而,低的吸收率和量子效率,严重限制了石墨烯在高性能光电器件领域的发展[50]。纳米尺度的天线结构通过表面产生的等离子体激元能够有效增强光吸收率,补齐石墨烯这一短板[51-52]。2012年,Fang等[53]报道了一种"三明治"石墨烯光探测器,其中集成了轻型等离子激元天线,如图4.15(a)所示。在不同等离子激元天线结构下的石墨烯拉曼图如图4.15(b)所示,结果表明器件中石墨烯与等离子激元天线存在强的耦合作用。采用LBIC方法,沿着线扫描方向,对器件不同

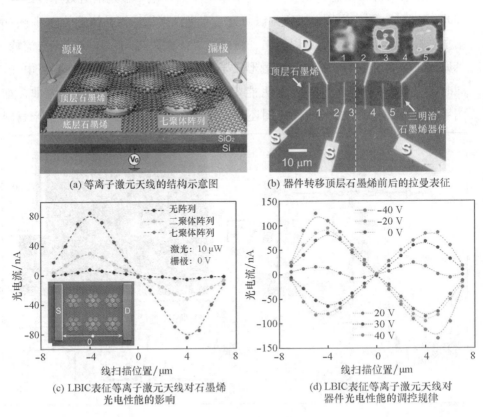

(a) 等离子激元天线的结构示意图

(b) 器件转移顶层石墨烯前后的拉曼表征

(c) LBIC表征等离子激元天线对石墨烯光电性能的影响

(d) LBIC表征等离子激元天线对器件光电性能的调控规律

图4.15 等离子激元天线 - "三明治"石墨烯器件的LBIC表征[53] (见彩插)

区域的光电性能进行表征分析,如图 4.15(c)所示。结果表明,有等离子激元天线区域的光电流相比于无天线区域得到了极大的增强。同时,通过栅极电压可以实现对器件光电流的灵活调控,可应用在开关等器件,如图 4.15(d)所示。

2008 年,Lee 等[54]采用 SPCM 方法探究了不同工作条件下电接触和边缘对石墨烯器件载流子输运的影响。在不同栅极电压下,该石墨烯器件的 SPCM 表征结果如图 4.16 所示,结果表明,在不同栅极电压下,器件呈现材料类型从 n 型向 p 型转变的现象。

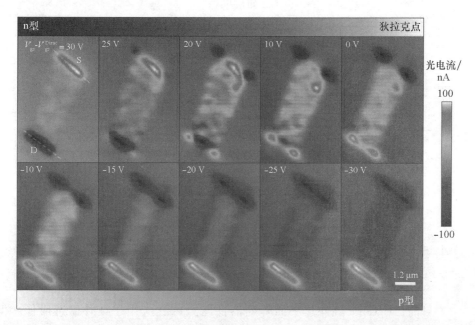

图 4.16 不同栅极电压下石墨烯器件的 SPCM 表征结果[54](见彩插)

单层 MoS_2 具有大禁带宽度(1.8 eV)、大的平面迁移率以及其他优异机械性能,也被广泛用于新型纳米器件的研发[55-57]。Buscema 等[58]就采用了 SPCM 方法研究了单层 MoS_2 场效应晶体管的光响应特性,如图 4.17 所示。实验结果表明,该器件光电流的产生主要机制源于光的热电效应,而不是电极与 MoS_2 肖特基接触所形成的内建电场对光生电子-空穴的分离所致。

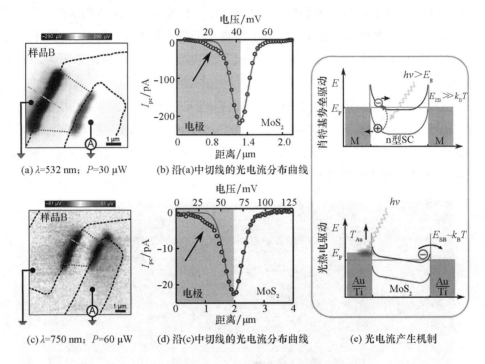

图4.17 SPCM 表征单层 MoS_2 场效应晶体管的光响应特性[58]

4.5 LBIC 对 HgCdTe 光伏器件性能的表征和研究

目前，HgCdTe 红外焦平面阵列器件已经广泛应用于红外遥感成像。但是，阵列器件中任何非均匀性对器件整体性能都能造成重大影响。足够数量的坏元或差元会引起整个焦平面器件工作失效，导致器件成品率低，成本昂贵。因此，非常有必要对器件进行中期 LBIC 检测和筛选，及时发现质量问题，以降低制造成本。传统的 B^+ 注入成结技术，由于具有操作性强、可用于制造大面阵器件的特点，是目前制备 HgCdTe 光伏器件的标准工艺之一。但是，高速 B^+ 注入的同时也会给材料带来一定损伤，影响器件性能[32,59]。因而采用 LBIC 对离子注入成结的 HgCdTe 光伏器件进行表征和性能分析非常具有实际意义。为了对比,同时对新型脉冲激光打孔成结[60]的 HgCdTe 光伏器件进行 LBIC 研究。

4.5.1 离子注入成结的中波 HgCdTe 光伏器件研究

已有文献报道 B^+ 注入会在 As 掺杂长波 HgCdTe 阵列器件中引入扩展缺陷,影响器件的红外探测性能[32,59]。然而,关于 Hg 空位掺杂中波 HgCdTe 阵列器件由于离子注入缺陷引起的结类型转换和注入损伤区空间分布的物理机制研究还未见相关报道。这些温度敏感缺陷对 p-n 结类型的转变起到了非常重要的作用,能够使 LBIC 分布曲线在不同温度下产生变形。因此,通过精确测量中波 HgCdTe 阵列器件在低温和高温下的 LBIC 曲线,可分析出潜在的离子注入损伤缺陷及其对器件性能的影响。高空间分辨率和温度可控的 LBIC 检测平台对于准确表征中波 HgCdTe 阵列器件性能必不可少。通过 LBIC 检测平台,可以清晰地观察到中波 HgCdTe 阵列器件与温度相关的结性能变化过程。通过建立与缺陷相关的结转换模型,结合 LBIC 数值模拟,对中波 HgCdTe 阵列器件的离子注入陷阱类型和浓度,以及结性能变化进行了分析和研究[61]。

1. **器件结构和 LBIC 表征**

CdZnTe 材料与 HgCdTe 的晶格匹配性好,是生长高质量 HgCdTe 材料的重要衬底材料。采用 MBE 方法在 CdZnTe 衬底上生长出 Hg 空位掺杂的 p 型 $Hg_{1-x}Cd_xTe$ 薄层,Cd 组分 x 为 0.308 8,掺杂浓度 $N_a \approx 3.39 \times 10^{15}$ cm^{-3}。p 型 HgCdTe 薄层在 B^+ 注入以后,由于 Hg 原子的填隙扩散[21,62],表面形成 n-on-p 渐变结,离子注入窗口尺寸约为 14 μm。中波 $Hg_{1-x}Cd_xTe$ ($x \approx 0.308\,8$) 红外光伏阵列器件的横截面结构示意图如图 4.18 所示,在样品边缘的 p 型材料上表面引出两个对称的远端欧姆接触电极为 LBIC 测试做准备。

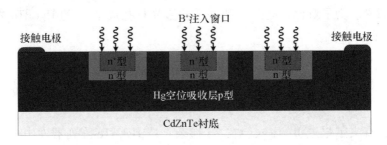

图 4.18　中波 $Hg_{1-x}Cd_xTe$ ($x \approx 0.3088$) 红外光伏阵列器件的横截面结构示意图

采用波长为 632.8 nm、光强为 1.0×10^5 W/cm² 的 He-Ne 激光,聚焦在样品表面,并沿水平方向进行 LBIC 扫描。SR830 DSP 锁相放大器记录反映 HgCdTe 红外光伏阵列中光电活性缺陷和局部非均匀性特征的 LBIC 谱线。样品器件在温度 300 K 和 87 K 下的 LBIC 测量曲线如图 4.19 所示。LBIC 信号呈周期分布特点,每一个周期信号反映了一个光敏元光电特征的空间分布信息。根据 LBIC 的工作原理可知,正负双峰的间隔反映了光敏元尺寸的大小。实验发现,当温度为 300 K 时,每一个 LBIC 周期信号的中间正负双峰间隔为 12 μm。考虑到 1 μm 左右的测量误差,中间正负峰间隔与 p-n 结的设计宽度

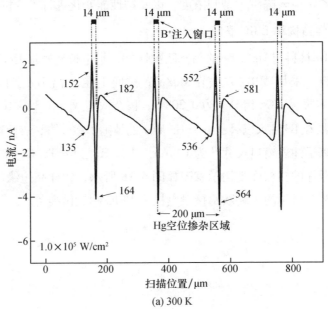

(a) 300 K

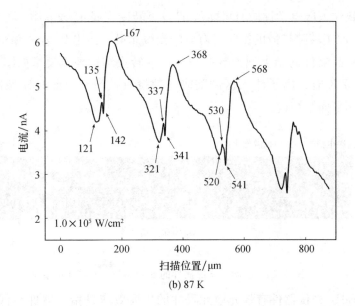

(b) 87 K

图 4.19　中波 $Hg_{1-x}Cd_xTe$ ($x \approx 0.3088$) 阵列器件在不同温度下的 LBIC 测量曲线

14 μm 非常接近，即与 B^+ 注入窗口很吻合。因此，LBIC 信号中间正负峰对应的是设计平面结的左右两端。LBIC 信号外侧正负峰间隔约为 47 μm，反映了总的有效光敏尺寸。当温度为 87 K 时，LBIC 信号分布特征与 300 K 时信号完全不同，呈典型 n^+-on-p 结的双峰曲线分布。双峰之间的间隔也约为 47 μm，反映的有效光敏尺寸与室温下相同，表明该样品器件没有出现有效光敏尺寸的扩展效应[21]。对比 87 K 下的实验曲线，发现室温下 B^+ 注入区的 LBIC 信号发生了极性反转。这一现象表明 B^+ 注入区域的电学性质从低温到高温转换时发生了改变。

2. LBIC 表征结果分析

为了揭示 B^+ 注入工艺对 p-n 结类型以及器件性能影响的主要物理机制，解释结区 LBIC 信号极性反转的现象，从理论上建立了与 B^+ 注入缺陷相关的 p-n 结转换模型。众所周知，在 B^+ 注入过程中，除了会在 p 型 HgCdTe 层表面形成反型 n^+ 层（即 n^+-on-p 结），还会在注入区引入深能级结构缺陷[63-66]。随着温度的上升，这些陷阱（受主类型）逐渐被激活，使得反型 n^+ 区的自由电子浓度大幅减小。在室温时，B^+ 注入产生的陷阱大部分被激活，导致注入区电学性质有可能从 n^+ 反型转变为弱 n^- 或 p 型。考虑到注入区周围 Hg 原子填隙扩散的影响，有效的光敏元尺寸会比 B^+ 注入窗口大。因此，室温时样品器件的结类型为 p-n-on-p 转换结，理论模型如图 4.20 所示。在低温 87 K 时，离子注入区的陷阱大都没有被激活，此时样品器件呈典型 n-on-p 平面结结构。

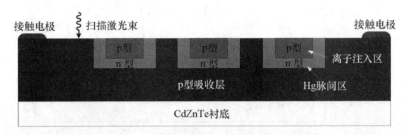

图 4.20 室温下样品器件的 p-n-on-p 结转换模型

HgCdTe 光伏器件有效光敏元尺寸的扩展效应是指：器件在低温 87 K 下的有效光敏元尺寸会比室温下的有效光敏元尺寸要大，具有扩展效应。殷菲[21]在不同掺杂和生长工艺的长波 HgCdTe 器件中均发现了有效光敏元尺寸的扩展效应，如图 4.21 所示，器件样品介绍如表 4.3 所示。这一现象并没有得到合理解释。

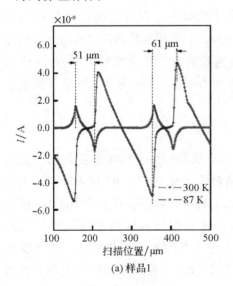

(a) 样品1

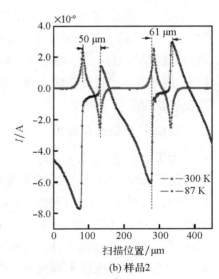

(b) 样品2

第4章 红外探测器的激光束诱导电流谱表征方法

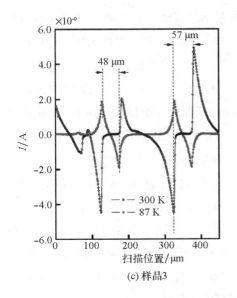

(c) 样品3

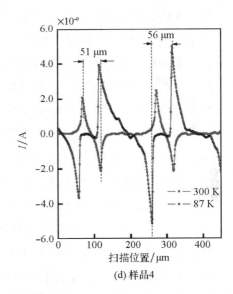

(d) 样品4

图 4.21　87 K 和 300 K 下四种长波 HgCdTe 器件样品的 LBIC 测量曲线[21]

表 4.3　四种长波 HgCdTe 器件制备工艺的简要介绍[21]

样品	生长技术	掺杂方法	Cd 组分 x	成结方式
样品 1	LPE	As 掺杂	0.220 80	B^+ 注入
样品 2	LPE	As 掺杂	长波不详	B^+ 注入
样品 3	LPE	Hg 空位掺杂	0.226 48	B^+ 注入
样品 4	MBE	Hg 空位掺杂	0.224 50	B^+ 注入

而 B^+ 注入成结的中波 HgCdTe 器件样品并没有发现有效光敏尺寸的扩展效应。针对这一实验规律，从理论上分析了中波和长波器件 p-n 结类型随温度变化的差异性。分析认为，室温下 p 型 HgCdTe 长波材料与 p 型 HgCdTe 中波材料混合电导效应的差异性引发了中波和长波器件 p-n 结类型的不同，是导致有效光敏元尺寸实验规律的根本原因。Hu 等[32,59]发现混合电导效应能够将 p 型 $Hg_{1-x}Cd_xTe$（x 约为 0.226 和 0.224）长波材料转换为 n 型。随着温度上升，材料中产生大量热激发本征载流子，由于电子迁移率远高于空穴迁移率，材料由空穴导电转变为电子导电，表现为 n 型。p 型 $Hg_{1-x}Cd_xTe$ 材料的

禁带宽度越窄（组分越小），越容易热激发本征载流子，混合电导效应也就越明显。两种 Hg 空位掺杂 p 型 $Hg_{1-x}Cd_xTe$（x 约为 0.227 和 0.310）材料霍尔系数随温度变化的实验测量曲线如图 4.22 所示。结果表明，Hg 空位掺杂 p 型 $Hg_{1-x}Cd_xTe$（$x≈0.227$）长波材料在温度大于 100 K 时，霍尔系数由正转为负，导电特性由空穴导电转变为电子导电，表现为 n 型材料；而 Hg 空位掺杂 p 型 $Hg_{1-x}Cd_xTe$（$x≈0.310$）中波材料则没有出现这种转变现象，一直表现为 p 型材料。因此，结合前面与 B^+ 注入缺陷相关的 p-n 结转换模型分析，离子注入成结的长波 HgCdTe 探测器在室温时结类型为 p-on-n 反转结结构。此时，长波器件的有效光敏元尺寸几乎与离子注入窗口相等，明显小于 87 K 下长波 n^+-n-on-p 渐变结的有效光敏元尺寸。这从器件 p-n 结类型上解释了长波 HgCdTe 器件在 87 K 下的有效光敏元尺寸会比室温下要大，而中波样品器件在 87 K 下的有效光敏元尺寸与室温下相同的物理原因，在一定程度上验证了中波器件 HgCdTe 器件结转换模型的正确性。

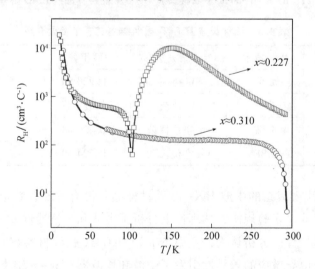

图 4.22　两种 p 型 HgCdTe 样品材料霍尔系数随温度变化的实验测量曲线

为了进一步验证中波 HgCdTe 器件结转换模型的准确性，基于 4.1 节 LBIC 基本物理过程，根据器件测试的几何结构，建立了基于载流子漂移-扩散方程的 LBIC 物理模型，其中包含了载流子的连续性方程、电流输运方程、泊松方程。载流子的产生-复合过程主要考虑了 SRH、俄歇和辐射复合过程。光生载流子的产生过程采用 RayTrace 模拟。详细的物理方程表达式见第 2 章器件物理模型。采用 Sentaurus-TCAD 软件进行了二维稳态计算，通过连续改变模型中诱导激光的水平辐照位置，来获得激光扫描的 LBIC 仿真结果，如图 4.23 所示。

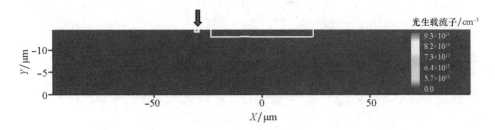

图 4.23　诱导激光辐照下器件光生载流子产生率的仿真结果

采用该方法分别对 300 K 和 87 K 下的 LBIC 信号曲线进行了模拟仿真。当温度为 300 K 时基于 p–n–on–p 耦合结模型的 LBIC 仿真曲线如图 4.24（a）所示。从图中可以看出，实验和仿真 LBIC 曲线在 B^+ 注入区都出现了新的极性反转信号。LBIC 极性反转信号相对于原始结信号的比值，强烈依赖于陷阱（受主类型）浓度。离子注入区陷阱浓度越高，LBIC 极性反转信号则越强。另外，值得注意的是，87 K 下所有阵列单元的 LBIC 实验曲线在结区都存在窄的小低谷信号，这可能反映了实际离子注入过程中掺杂浓度的不均匀性。为了精确模拟 87 K 下的 LBIC 实验曲线，假设结中心左侧的一块小区域掺杂浓度较低，并通过数值模拟进行验证。87 K 下的 LBIC 仿真结果如图 4.24（b）所示。结果表明，在低掺杂浓度的小区域出现了新的 LBIC 窄谷信号，与实验现象吻合。窄谷信号的绝对值随着该区域掺杂浓度的降低而升高。因此，在实际离子注入过程中，应确保 B^+ 均匀注入 p 型材料表面，使材料掺杂均匀，否则会影响到器件性能。研究结果揭示了离子注入成结的中波 HgCdTe 器件结转换特性的物理机制，为此类离子注入成结的中波 HgCdTe 器件的应用和性能改进提供了理论指导。

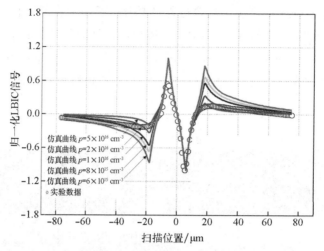

(a) 300 K时离子注入区不同陷阱浓度下的LBIC仿真曲线

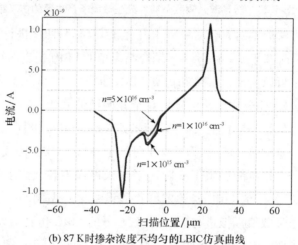

(b) 87 K时掺杂浓度不均匀的LBIC仿真曲线

图4.24 300 K和87 K下中波HgCdTe器件LBIC信号的仿真曲线

4.5.2 脉冲激光打孔成结的HgCdTe光伏器件研究

20世纪90年代，Dawar等[67-68]发现激光辐照会引起HgCdTe材料的局部电学性质发生转变。Zhou等[60]采用飞秒脉冲激光对p型HgCdTe材料进行刻蚀实验研究，得到具有 p-n 结特性的孔洞阵列。飞秒脉冲激光能够通过分束、光掩膜等方法实现二维阵列输出。如果脉冲激光打孔成结技术应用于 HgCdTe 阵列器件的制备，将大大提高器件的制备效率，特别是极大简化大面阵 HgCdTe 红外焦平面器件的工艺过程。但是，目前对这一类器件的性能还缺乏深入研究。研究人员首先采用 LBIC 技术对孔洞电学特性进行了低温和高温下的检测和表征，然后结合数值仿真，从实验和理论上研究了这一类器件结性能随温度变化的特点，分析了脉冲激光打孔对材料电学性质以及器件性能的影响[69]，为今后脉冲打孔成结技术的应用和相应器件性能的改进提供理论指导。

1. **器件结构和 LBIC 表征**

采用 LPE 方法在 CdZnTe 衬底上生长出了 Hg 空位掺杂的 p 型 $Hg_{1-x}Cd_xTe$ ($x \approx 0.27$) 薄层，掺杂浓度 $N_a \approx 1 \times 10^{16}$ cm^{-3}。采用 800 nm 的飞秒脉冲激光对 p 型材料进行辐照，形成微米量级孔洞。这种脉冲激光打孔的新方法有可能用于制备 HgCdTe 的 p-n 结二极管，孔的直径和深度基本与脉冲激光的强度成正比[60]。但目前对这种新方法形成的 HgCdTe 光伏器件性能还缺乏深入的研究，采用 LBIC 方法可以对器件性能进行表征和理论分析。在打孔 p 型材料样品上表面边缘引出两个对称的远端欧姆接触电极为 LBIC 测试做准备。

LBIC 检测同样采用波长为 632.8 nm、光强为 1.0×10^5 W/cm^2 的 He-Ne 激光，在温度 87 K 和 300 K 下激光刻蚀孔洞的 LBIC 实验测量结果如图 4.25 所示。检测结果表明，p 型 HgCdTe 材料经脉冲激光打孔后局部电学性质发生了转变，激光刻蚀所形成的孔洞具有 p-n 结特性。同时，p-n 结的 LBIC 曲线分布依赖于检测温度，在低温条件（87 K）下，LBIC 曲线为简单的双峰分布；在高温条件（300 K）下，LBIC 曲线为四峰分布，中间出现了异常的信号反转现象，表明从低温到高温转换时，打孔区域附近的电学性质发生了改变。

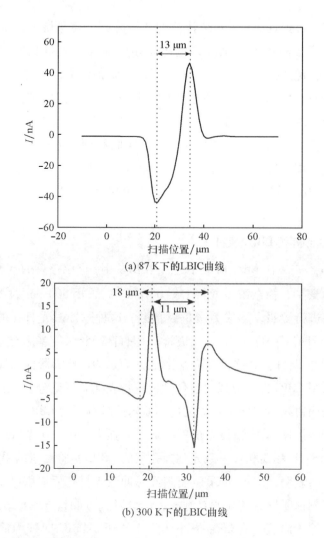

图4.25 脉冲激光打孔成结的 $Hg_{1-x}Cd_xTe$ ($x \approx 0.27$) 光伏器件的实验LBIC信号曲线

2. LBIC表征结果分析

为了准确理解LBIC信号出现异常极性反转和耦合效应的内在物理机制,需要分析结区电学性质随温度的变化规律,并建立了孔洞p-n结的温度转换模型。单个n-on-p平面结的典型LBIC信号为对称的双峰分布,如原理图4.2(d)所示。因此,87 K时孔洞结构的LBIC曲线形状反映了n^+-on-p

第 4 章
红外探测器的激光束诱导电流谱表征方法

结的结构特点，这表明在孔周围存在 n 反型区域。脉冲激光打孔后半导体材料局部电学性质发生转变的现象早在 20 世纪就被 Dawar 等发现，但其电学性质反转的物理机制至今没有明确的解释[70-71]。87 K 时与孔洞相关的 $n^+ - on - p$ 结模型如图 4.26（a）所示，为了便于计算，模型中采用标准的圆柱孔来描述孔洞形状。

在室温下，孔洞 $p - n^+ - on - n$ 结模型的建立如图 4.26（b）所示。文献报道许多器件工艺过程，如离子刻蚀[72]、γ 射线[73]、激光辐照[70-71]等，都会给 HgCdTe 材料带来损伤，引入电活性缺陷。值得注意的是，激光对 HgCdTe 材料的打孔过程，并不能消除电活性缺陷，反而会增加电活性缺陷。电活性缺陷的类型（受主类型或施主类型）对决定最终孔洞 p-n 结的类型具有关键作用。这里先假设激光辐照损伤区域存在大量的受主类型缺陷，该假设得到了 LBIC 数值模拟的正确验证。当温度较低时，激光打孔引入的电活性缺陷几乎没有被激活。因此，激光打孔损伤区的电子准费米能级与刻蚀形成的 n^+ 反型层相同。然而，在室温下可以观察到 LBIC 信号的极性反转和耦合效应。这一现象表明，激光打孔引入的电活性缺陷已经部分被激活，大量自由电子被陷阱捕获，导致损伤区 n^+ 反型层转换为新的弱 n^- 型或 p 型层，使得结区形成新的 $n^- - n^+$ 或 $p - n^+$ 耦合结。此外，p 型 $Hg_{1-x}Cd_xTe$（$x \approx 0.27$）材料

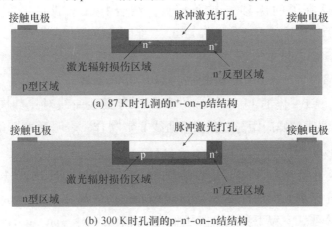

(a) 87 K 时孔洞的 n^+-on-p 结结构

(b) 300 K 时孔洞的 $p-n^+$-on-n 结结构

图 4.26　孔洞 p-n 结的温度转换模型

的混合电导效应也在影响结区的电学性质。p 型 $Hg_{1-x}Cd_xTe$ ($x \approx 0.27$) 材料样品霍尔系数随温度变化的测量曲线如图 4.27 所示。实验表明，Hg 空位掺杂 p 型 $Hg_{1-x}Cd_xTe$ ($x \approx 0.27$) 材料在温度大于 200 K 时，霍尔系数从正转为负，导电特性由空穴导电转变为电子导电，表现为 n 型材料。因此，室温下打孔器件最终形成 $p-n^+-on-n$ 耦合结结构。

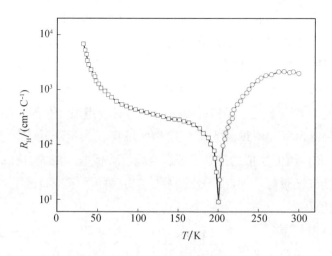

图 4.27　p 型 $Hg_{1-x}Cd_xTe$ ($x \approx 0.27$) 材料样品霍尔系数随温度变化的测量曲线

基于载流子的漂移 - 扩散模型，结合打孔器件的几何结构，采用 Sentaurus-TCAD 软件对器件进行 LBIC 二维稳态仿真。在仿真中，同样考虑了载流子的 SRH、俄歇、辐射三种产生 - 复合过程，通过改变模型中诱导激光的水平辐照位置，来获得激光扫描的 LBIC 仿真曲线。

87 K 下归一化的 LBIC 信号仿真曲线与实验曲线对比如图 4.28 所示。LBIC 仿真曲线的峰间距与实验测量曲线非常吻合，表明激光打孔所造成的表面电反型区横向尺寸约为 13 μm。

300 K 下归一化的 LBIC 信号仿真曲线与实验曲线对比如图 4.29 所示。在数值模拟中，取孔洞的深度为 1 μm，激光损伤区尺寸为 9 μm。LBIC 实验和仿真结果表明，室温下激光损伤区形成了新的 $p-n^+-on-n$ 耦合结，导致了 LBIC 信号的异常反转和耦合现象。实验结果与理论结果非常吻合，验证了

p-n⁺-on-n 耦合结模型的准确性。

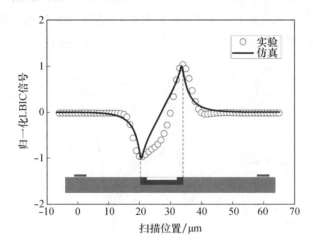

图 4.28　87 K 下归一化的 LBIC 信号仿真曲线与实验曲线对比

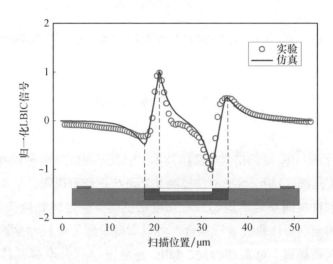

图 4.29　300 K 下归一化的 LBIC 信号仿真曲线与实验曲线对比

在激光损伤区域，实验发现 LBIC 信号迅速从峰值下降为零，表明该区域的少子扩散长度很短。这主要是因为激光损伤区存在大量缺陷，即电子复合中心，使得光生载流子容易被捕获或复合，难以被结区收集。进一步的数值模拟证实少子寿命对 LBIC 曲线轮廓具有重要影响，激光损伤区不同少子寿命下的 LBIC 仿真结果如图 4.30 所示。研究表明，激光损伤区少子寿命越低，扩散长度越短，相应耦合结的 LBIC 信号衰减越快，峰值也越低。这一结论为诊断或提取激光损伤区的少子寿命提供了重要的理论依据。

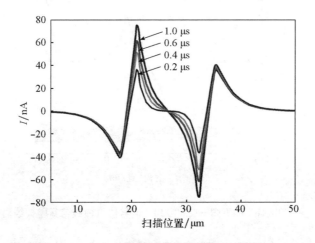

图 4.30　300 K 时激光损伤区不同少子寿命下的 LBIC 仿真结果

4.6　本章小结

空间分辨 LBIC 或扫描光电流谱技术，引发了对红外焦平面阵列器件前期表征的研究热潮。LBIC 系统中扫描激光光斑接近衍射极限，从而使它对空间电场分布和材料的局域非均匀具有高度敏感性。通过建立精确的仿真模型，对空间分辨光电特性曲线进行拟合，可以实现对红外材料和探测器性能参数的高效、精确提取。更重要的是，LBIC 光电流信息为理解器件电子能带结构、载流子输运机理以及新型二维材料纳米器件光电响应机制提供了很好的表征手段和理论指导。同时，该技术具有高灵活性、高效应和低成本等特点，作为重要的表征手段将被应用于未来红外光电探测器的优化和发展。本章主要内容如下：

（1）介绍了 LBIC 的基本工作原理，以及高精度 LBIC 测试平台的搭建

第4章 红外探测器的激光束诱导电流谱表征方法

方法。

（2）分析了 LBIC 对红外探测器少子扩散长度、少子寿命、局域漏电、能带结构等关键光电性能参数的检测原理和方法。

（3）详细介绍了采用 LBIC 表征技术对传统 B^+ 注入成结和脉冲激光打孔成结的 HgCdTe 光伏器件性能进行实验表征和理论研究过程。获得了反映两种类型器件结区电学性质随温度变化的空间特征分布，结合理论模拟，剖析了两种制备工艺引入缺陷改变 p-n 结类型以及影响器件性能的主要物理机制，为准确提取缺陷的特征参数（如浓度、类型等）提供了重要的理论基础。理论上，建立了 HgCdTe 探测器的 p-n 结转换模型，为更好地理解相关工艺引起的 p-n 结类型变化的物理现象、制定科学的工艺流程、快速提高 HgCdTe 红外探测器性能提供了一种新的途径和参照标准。

参考文献

[1] FANG W F, ITO K, REDFERN D A. Parameter identification for semiconductor diodes by LBIC imaging[J]. SIAM Journal on Applied Mathematics, 2002, 62(6): 2149–2174.

[2] HONG X K, LU H, ZHANG D B. Study on the structure characteristics of HgCdTe photodiodes using laser beam-induced current[J]. Optical and Quantum Electronics, 2013, 45(7): 623–628.

[3] BAJAJ J, TENNANT W E, ZUCCA R, et al. Spatially resolved characterization of HgCdTe materials and devices by scanning laser microscopy[J]. Semiconductor Science and Technology, 1993, 8(6S): 872–887.

[4] REDFERN D A, FANG W, ITO K, et al. Low temperature saturation of p-n junction laser beam induced current signals[J]. Solid-State Electronics, 2004, 48(3): 409–414.

[5] BAUGHER B W H, CHURCHILL H O H, YANG Y F, et al. Optoelectronic devices based on electrically tunable p-n diodes in a monolayer

dichalcogenide[J]. Nature Nanotechnology, 2014, 9(4): 262 - 267.

[6] BALASUBRAMANIAN K, BURGHARD M, KERN K, et al. Photocurrent imaging of charge transport barriers in carbon nanotube devices[J]. Nano Letters, 2005, 5(3): 507 - 510.

[7] ZHANG Y P, DENG W, ZHANG X J, et al. In situ integration of squaraine-nanowire-array-based Schottky-type photodetectors with enhanced switching performance[J]. ACS Applied Materials & Interfaces, 2013, 5(23): 12288 - 12294.

[8] BUSCEMA M, GROENENDIJK D J, STEELE G A, et al. Photovoltaic effect in few-layer black phosphorus PN junctions defined by local electrostatic gating[J]. Nature Communications, 2014, 5: 4651.

[9] YU Y Q, JIE J S, JIANG P, et al. High-gain visible-blind UV photodetectors based on chlorine-doped n-type ZnS nanoribbons with tunable optoelectronic properties[J]. Journal of Materials Chemistry, 2011, 21(34): 12632 - 12638.

[10] WANG J L, ZOU X M, XIAO X H, et al. Floating gate memory-based monolayer MoS_2 transistor with metal nanocrystals embedded in the gate dielectrics[J]. Small, 2015, 11(2): 208 - 213.

[11] REDFERN D A, MUSCA C A, DELL J M, et al. Correlation of laser-beam-induced current with current-voltage measurements in HgCdTe photodiodes[J]. Journal of Electronic Materials, 2004, 33(6): 560 - 571.

[12] REDFERN D A, MUSCA C A, DELL J M, et al. Characterization of electrically active defects in photovoltaic detector arrays using laser beam-induced current[J]. IEEE Transactions on Electron Devices, 2005, 52(10): 2163 - 2174.

[13] MARTYNIUK M, SEWELL R H, WESTERHOUT R, et al. Electrical type conversion of p-type HgCdTe induced by nanoimprinting[J]. Journal of Applied Physics, 2011, 109(9): 096102 - 1 - 096102 - 3.

[14] GLUSZAK E A, HINCKLEY S. Contactless junction contrast of HgCdTe n-on-p-type structures obtained by reactive ion etching induced p-to-n conversion[J]. Journal of Electronic Materials, 2001, 30(6): 768 – 773.

[15] FANG W F, ITO K. Identifiability of semiconductor defects from LBIC images [J]. SIAM Journal on Applied Mathematics, 1992, 52(6): 1611 – 1626.

[16] BAJAJ J, TENNANT W E, NEWMAN P R. Laser beam induced current imaging of surface nonuniformity at the HgCdTe/ZnS interface[J]. Journal of Vacuum Science & Technology A, 1988, 6(4): 2757 – 2759.

[17] REDFERN D A, THOMAS J A, MUSCA C A, et al. Diffusion length measurements in p-HgCdTe using laser beam induced current[J]. Journal of Electronic Materials, 2001, 30(6): 696 – 703.

[18] 殷菲,胡伟达,全知觉,等. 激光束诱导电流法提取 HgCdTe 光伏探测器的电子扩散长度[J]. 物理学报, 2009, 58(11): 7884 – 7890.

[19] GLUSZAK E A, HINCKLEY S, ESHRAGHIAN K. Determination of junction depth and related current phenomena using laser-beam-induced current[C]//Proceedings of SPIE, 2004, 5274.

[20] REDFERN D A, SMITH E P G, MUSCA C A, et al. Interpretation of current flow in photodiode structures using laser beam-induced current for characterization and diagnostics [J]. IEEE Transactions on Electron Devices, 2006, 53(1): 23 – 31.

[21] 殷菲. 碲镉汞红外探测功能结构的光电性能研究[D]. 上海:中国科学院上海技术物理研究所, 2010.

[22] BUSENBERG S, FANG W F, ITO K. Modeling and analysis of laser beam induced current images in semiconductors[J]. SIAM Journal on Applied Mathematics, 1993, 53(1): 187 – 204.

[23] BELLOTTI E, D'ORSOGNA D. Numerical analysis of HgCdTe simultaneous two-color photovoltaic infrared detectors[J]. IEEE Journal of Quantum Electronics, 2006, 42(4): 418 – 426.

[24] HU W D, YE Z H, LIAO L, et al. 128 × 128 long-wavelength/mid-wavelength two-color HgCdTe infrared focal plane array detector with ultralow spectral cross talk[J]. Optics Letters, 2014, 39(17): 5184-5187.

[25] FENG A L, LI G, HE G, et al. Dependence of laser beam induced current on geometrical sizes of the junction for HgCdTe photodiodes[J]. Optical and Quantum Electronics, 2014, 46(10): 1277-1282.

[26] HU W D, CHEN X S, YIN F, et al. Simulation and design consideration of photoresponse for HgCdTe infrared photodiodes[J]. Optical and Quantum Electronics, 2008, 40(14): 1255-1260.

[27] GUO N, HU W D, CHEN X S, et al. Optimization for mid-wavelength InSb infrared focal plane arrays under front-side illumination[J]. Optical and Quantum Electronics, 2013, 45(7): 673-679.

[28] HU W D, CHEN X S, YE Z H, et al. An improvement on short-wavelength photoresponse for a heterostructure HgCdTe two-color infrared detector[J]. Semiconductor Science and Technology, 2010, 25(4): 29.1-29.5.

[29] WENUS J, RUTKOWSKI J, ROGALSKI A. Two-dimensional analysis of double-layer heterojunction HgCdTe photodiodes[J]. IEEE Transactions on Electron Devices, 2001, 48(7): 1326-1332.

[30] D'ORSOGNA D, TOBIN S P, BELLOTTI E. Numerical analysis of a very long-wavelength HgCdTe pixel array for infrared detection[J]. Journal of Electronic Materials, 2008, 37(9): 1349-1355.

[31] KEASLER C A, MORESCO M, D'ORSOGNA D, et al. 3D numerical analysis of As-diffused HgCdTe planar pixel arrays[C]//Proceedings of SPIE, 2010, 7780: 77800J-1-77800J-6.

[32] HU W D, CHEN X S, YE Z H, et al. Dependence of ion-implant-induced LBIC novel characteristic on excitation intensity for long-wavelength HgCdTe-based photovoltaic infrared detector pixel arrays[J]. IEEE Journal of Selected Topics in Quantum Electronics, 2013, 19(5): 1-7.

[33] JI X L, LIU B Q, XU Y, et al. Deep-level traps induced dark currents in extended wavelength $In_xGa_{1-x}As/InP$ photodetector[J]. Journal of Applied Physics, 2013, 114(22): 224502.1 - 224502.5.

[34] YIN F, HU W D, QUAN Z J, et al. Determination of electron diffusion length in HgCdTe photodiodes using laser beam induced current[J]. Acta Physica Sinica, 2009, 58(11): 7884 - 7890.

[35] ONG V K S, WU D. Determination of diffusion length from within a confined region with the use of EBIC[J]. IEEE Transactions on Electron Devices, 2001, 48(2): 332 - 337.

[36] YIN F, HU W D, ZHANG B, et al. Simulation of laser beam induced current for HgCdTe photodiodes with leakage current[J]. Optical and Quantum Electronics, 2009, 41(11 - 13): 805 - 810.

[37] FENG A L, LI G G, HE G, et al. The role of localized junction leakage in the temperature-dependent laser-beam-induced current spectra for HgCdTe infrared focal plane array photodiodes[J]. Journal of Applied Physics, 2013, 114(17): 173107 - 1 - 173107 - 5.

[38] AHN Y H, TSEN A W, KIM B, et al. Photocurrent imaging of p-n junctions in ambipolar carbon nanotube transistors[J]. Nano Letters, 2007, 7(11): 3320 - 3323.

[39] BALASUBRAMANIAN K, FAN Y W, BURGHARD M, et al. Photoelectronic transport imaging of individual semiconducting carbon nanotubes[J]. Applied Physics Letters, 2004, 84(13): 2400 - 2402.

[40] FREITAG M, TSANG J C, BOL A, et al. Imaging of the Schottky barriers and charge depletion in carbon nanotube transistors[J]. Nano Letters, 2007, 7(7): 2037 - 2042.

[41] XIA F N, MUELLER T, GOLIZADEH-MOJARAD R, et al. Photocurrent imaging and efficient photon detection in a graphene transistor[J]. Nano Letters, 2009, 9(3): 1039 - 1044.

[42] WU C C, JARIWALA D, SANGWAN V K, et al. Elucidating the photoresponse of ultrathin MoS_2 field-effect transistors by scanning photocurrent microscopy[J]. The Journal of Physical Chemistry Letters, 2013, 4(15): 2508-2513.

[43] BRITNELL L, RIBEIRO R M, ECKMANN A, et al. Strong light-matter interactions in heterostructures of atomically thin films[J]. Science, 2013, 340(6138): 1311-1314.

[44] AHN Y, DUNNING J, PARK J. Scanning photocurrent imaging and electronic band studies in silicon nanowire field effect transistors[J]. Nano Letters, 2005, 5(7): 1367-1370.

[45] GU Y, KWAK E-S, LENSCH J L, et al. Near-field scanning photocurrent microscopy of a nanowire photodetector[J]. Applied Physics Letters, 2005, 87(4): 043111.1-043111.3.

[46] MIAO J S, HU W D, GUO N, et al. Single InAs nanowire room-temperature near-infrared photodetectors[J]. ACS Nano, 2014, 8(4): 3628-3635.

[47] DUFAUX T, BOETTCHER J, BURGHARD M, et al. Photocurrent distribution in graphene-CdS nanowire devices[J]. Small, 2010, 6(17): 1868-1872.

[48] HOWELL S L, PADALKAR S, YOON K H, et al. Spatial mapping of efficiency of GaN/InGaN nanowire array solar cells using scanning photocurrent microscopy[J]. Nano Letters, 2013, 13(11): 5123-5128.

[49] ALLEN J E, HEMESATH E R, LAUHON L J. Scanning photocurrent microscopy analysis of Si nanowire field-effect transistors fabricated by surface etching of the channel[J]. Nano Letters, 2009, 9(5): 1903-1908.

[50] BONACCORSO F, SUN Z, HASAN T, et al. Graphene photonics and optoelectronics[J]. Nature Photonics, 2010, 4(9): 611-622.

[51] ECHTERMEYER T J, BRITNELL L, JASNOS P K, et al. Strong plasmonic

enhancement of photovoltage in grapheme[J]. Nature Communications, 2011, 2: 458.

[52] LIU Y, CHENG R, LIAO L, et al. Plasmon resonance enhanced multicolour photodetection by grapheme[J]. Nature Communications, 2011, 2: 579.

[53] FANG Z Y, LIU Z, WANG Y M, et al. Graphene-antenna sandwich photodetector[J]. Nano Letters, 2012, 12(7): 3808-3813.

[54] LEE E J, BALASUBRAMANIAN K, WEITZ R T, et al. Contact and edge effects in graphene devices[J]. Nature Nanotechnology, 2008, 3(8): 486-490.

[55] YIN Z Y, LI H, JIANG L, et al. Single-layer MoS_2 phototransistors[J]. ACS Nano, 2012, 6(1): 74-80.

[56] LEE H S, MIN S-W, CHANG Y-G, et al. MoS_2 nanosheet phototransistors with thickness-modulated optical energy gap[J]. Nano Letters, 2012, 12(7): 3695-3700.

[57] CHOI W, CHO M Y, KONAR A, et al. High-detectivity multilayer MoS_2 phototransistors with spectral response from ultraviolet to infrared[J]. Advanced Materials, 2012, 24(43): 5832-5836.

[58] BUSCEMA M, BARKELID M, ZWILLER V, et al. Large and tunable photothermoelectric effect in single-layer MoS_2[J]. Nano Letters, 2013, 13(2): 358-363.

[59] HU W D, CHEN X S, YE Z H, et al. Polarity inversion and coupling of laser beam induced current in As-doped long-wavelength HgCdTe infrared detector pixel arrays: Experiment and simulation[J]. Applied Physics Letters, 2012, 101(18): 181108.

[60] ZHOU S M, ZHA F X, GUO Q T, et al. The morphology of micro hole pn junction in p-type HgCdTe formed by femtosecond laser drilling[J]. Journal of Infrared and Millimeter Waves, 2011, 29(5): 337-341.

[61] QIU W C, HU W D, LIN T E, et al. Temperature-sensitive junction

transformations for mid-wavelength HgCdTe photovoltaic infrared detector arrays by laser beam induced current microscope [J]. Applied Physics Letters, 2014, 105(19): 191106-1-191106-4.

[62] DESTÉFANIS G L. Electrical doping of HgCdTe by ion implantation and heat treatment[J]. Journal of Crystal Growth, 1988, 86(1-4): 700-722.

[63] TURINOV V I. A study of deep levels in CdHgTe by analyzing the tunneling current of photodiodes[J]. Semiconductors, 2004, 38(9): 1092-1098.

[64] JONES C E, JAMES K, MERZ J, et al. Status of point defects in HgCdTe [J]. Journal of Vacuum Science & Technology A, 1988, 3(1): 131-137.

[65] POLLA D L, JONES C E. Deep level studies of $Hg_{1-x}Cd_xTe$. I: Narrow-band-gap space-charge spectroscopy[J]. Journal of Applied Physics, 1981, 52(8): 5118-5131.

[66] GUMENJUK-SICHEVSKAJA J V, SIZOV F F, OVSYUK V N, et al. Charge transport in HgCdTe-based n^+-p photodiodes[J]. Semiconductors, 2001, 35(7): 800-806.

[67] DAWAR A L, ROY S, NATH T, et al. Effect of laser annealing on electrical and optical properties of n-mercury cadmium telluride[J]. Journal of Applied Physics, 1991, 69(7): 3849-3852.

[68] DAWAR A L, ROY S, MALL R P, et al. Effect of laser irradiation on structural, electrical, and optical properties of p-mercury cadmium telluride [J]. Journal of Applied Physics, 1991, 70(7): 3516-3520.

[69] QIU W C, CHENG X A, WANG R, et al. Novel signal inversion of laser beam induced current for femtosecond-laser-drilling induced junction on vacancy-doped p-type HgCdTe [J]. Journal of Applied Physics, 2014, 115(20): 204506-1-204506-5.

[70] ZHA F X, ZHOU S M, MA H L, et al. Laser drilling induced electrical type inversion in vacancy-doped p-type HgCdTe [J]. Applied Physics Letters, 2008, 93(15): 151113-1-151113-3.

[71] ZHA F X, LI M S, SHAO J, et al. Femtosecond laser-drilling-induced HgCdTe photodiodes[J]. Optics Letters, 2010, 35(7): 971-973.

[72] IZHNIN I I, DENISOV I A, SMIRNOVA N A, et al. Ion milling-assisted study of defect structure of HgCdTe films grown by liquid phase epitaxy[J]. Opto-Electronics Review, 2010, 18(3): 328-331.

[73] SIZOV F F, LYSIUK I O, GUMENJUK-SICHEVSKA J V, et al. Gamma radiation exposure of MCT diode arrays[J]. Semiconductor Science and Technology, 2006, 21(3): 358-363.

第5章

红外电子雪崩器件的载流子输运与雪崩机制研究

制备理想的雪崩二极管需要电子和空穴碰撞离化系数差异大的材料，否则在获得较高增益的同时，也会形成较大的过剩噪声和较低的响应速率。由于 HgCdTe 材料的空穴和电子的碰撞电离系数差异大，适用于制备高性能的雪崩二极管器件。本章主要围绕三维主/被动双模式成像探测技术对高增益、低噪声、宽带宽的要求，建立真实 HgCdTe 雪崩探测器件的有效物理模型，通过数值模拟同时获取器件漏电流、增益等重要参数的变化规律，研究载流子在器件中的产生－复合过程及其与结区材料性能（施主或受主特性、浓度分布等）的关系，揭示在电子雪崩倍增效应下材料陷阱浓度（载流子浓度、位错密度等）对载流子输运和光电转换的影响机制，为提高器件性能、优化 HgCdTe 雪崩探测器件的制备工艺流程提供理论和技术支持。

第 5 章
红外电子雪崩器件的载流子输运与雪崩机制研究

5.1 HgCdTe 电子雪崩器件的基本原理、理论模拟和结构优化

5.1.1 基本原理

近年来，HgCdTe 雪崩器件被证实是实现红外焦平面阵列器件低通量和高速应用的理想途径之一，其主要利用主动成像和超光谱成像技术。HgCdTe 雪崩器件具有较高的内增益和频率响应特性，是一种基于较高反偏压工作的器件。对于普通的光电二极管，入射光子被吸收产生一个电子－空穴对，内增益等于1；而雪崩探测器工作在较高的反偏压下，光生电子－空穴对在电场的作用下加速以获得足够的能量，与晶格发生碰撞，使晶格中原子发生电离，产生更多的次级电子－空穴对，次级电子－空穴随即也加入与离子的碰撞离化过程，从而产生雪崩效应。载流子的雪崩产生率与电子和空穴的离化系数相关，见公式(2.41)~(2.43)。

载流子的碰撞离化系数是指在单位长度内发生碰撞电离的次数，与材料本身的特性和散射机制相关。在具有雪崩增益的光电二极管中，每一个光生载流子的倍增增益是不同的，倍增后的电流具有随机起伏的特性，这种起伏引入的附加噪声就称为倍增噪声，又称为过剩噪声，其表达式为[1-4]：

$$I_s = (2qIM^2F)^{1/2} \tag{5.1}$$

式中：M 为雪崩增益；I 为增益 $M=1$ 时的暗电流；F 为过剩噪声因子。

描述纯电子注入的过剩噪声因子 $F(M)$ 可表达为：

$$F(M) = kM + (1-k)\left(2 - \frac{1}{M}\right) \tag{5.2}$$

纯空穴注入的过剩噪声因子 $F(M)$ 为：

$$F(M) = \frac{M}{k} + \left(1 - \frac{1}{k}\right)\left(2 - \frac{1}{M}\right) \tag{5.3}$$

式中：k 为空穴离化系数 α_h 和电子离化系数 α_n 之比。

雪崩器件的过剩噪声与电子和空穴离化系数的差异大小相关，电子和空穴的离化系数差异越大，器件的过剩噪声因子就越小。其中 HgCdTe 的雪崩增益 M 可以表述为：

$$M = \frac{I_{\text{photo}}(V) - I_{\text{dark}}(V)}{I_{\text{photo}}(0) - I_{\text{dark}}(0)} \tag{5.4}$$

式中：$I_{\text{photo}}(V)$ 和 $I_{\text{photo}}(0)$ 分别为光辐照下器件在偏压为 V 和 0 时的输出电流；$I_{\text{dark}}(V)$ 和 $I_{\text{dark}}(0)$ 分别为器件在偏压为 V 和 0 时的暗电流大小。

几种半导体材料在发生雪崩时产生的过剩噪声示意图如图 5.1 所示[5]。对于传统的 p-i-n 或 p-n 光电器件，一个光子产生一对电子－空穴，没有雪崩增益，$F(M)=1$；对于 Ge 雪崩器件，离化系数比 $k=1$，光生电子在电场作用下运动参与碰撞电离过程，同时中途产生的次级空穴朝着相反方向参与碰撞电离过程，大大增加了发生碰撞电离位置的随机性和倍增电流的起伏性，延长了完成整个雪崩过程的时间，因此其过剩噪声因子达到了 $F(M) \approx 5$；对于 Si 雪崩器件，离化系数比 $k < 0.1$，空穴参与碰撞电离过程的概率降低，减弱了载流子发生碰撞电离位置的随机性，降低了过剩噪声，$F(M) \approx 2$。HgCdTe 材料拥有良好的空穴离化系数 α_h 和电子离化系数 α_n 之比 k，其离化系数比 k 与 Cd 组分 x 相关，如图 5.2 所示[6]。当 $0.6 < x < 0.7$ 时，$k > 30$，短波 HgCdTe 材料可用于制备空穴雪崩倍增型器件；当 $x < 0.4$ 时，$k < 0.06$，中长波 HgCdTe 材料可用于制备电子雪崩倍增型器件，仅有电子参与碰撞电离过程，大大降低了过剩噪声，$F(M) \approx 1$。因此，雪崩器件只有在一种载流子参与碰撞电离过程的情况下，才能在获得较高增益的同时，拥有较低的过剩噪声。

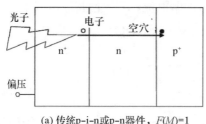
(a) 传统 p-i-n 或 p-n 器件，$F(M)=1$

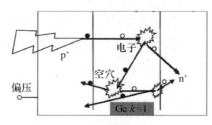
(b) APD 器件($M=4$)，$F(M) \approx 5$

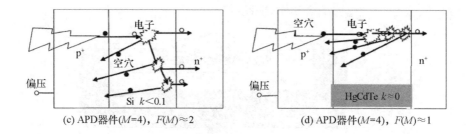

图 5.1 雪崩器件的过剩噪声产生示意图[6]

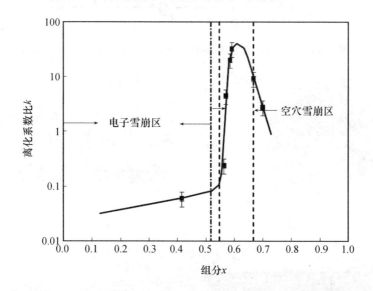

图 5.2 $Hg_{1-x}Cd_xTe$ 材料中离化系数比 k 与组分 x 的关系曲线[6]

HgCdTe 雪崩器件通常在高反偏压下工作，此时各暗电流成分急剧上升，特别是隧穿电流。HgCdTe 雪崩器件的物理过程除载流子的 SRH、俄歇、辐射产生–复合过程以外，还必须考虑载流子的陷阱辅助隧穿效应、带带隧穿效应以及雪崩效应。因此，HgCdTe 雪崩器件数值模拟的关键物理模型包括吸收系数模型、产生–复合模型、陷阱辅助隧穿模型、带带隧穿模型、雪崩模型。目前，HgCdTe 雪崩器件主要有平面结构、垂直互联结构和台面结构三种典型结构[6]。这三种典型结构的示意图分别如图 5.3~5.5 所示。

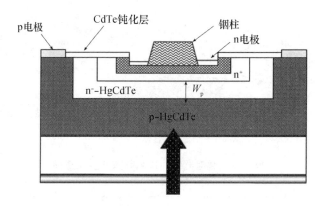

图 5.3 p-i-n 平面结构 HgCdTe 电子雪崩器件的横截面示意图[7]

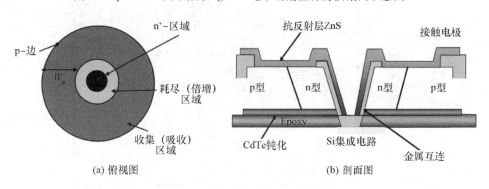

图 5.4 垂直互连结构的 HgCdTe 雪崩器件[8]

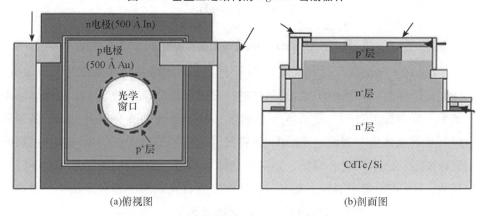

图 5.5 台面结构的 HgCdTe 雪崩器件[9]

第5章
红外电子雪崩器件的载流子输运与雪崩机制研究

三种典型 HgCdTe 雪崩探测器结构都是采用 p-i-n 结，其中低掺杂 i 区为雪崩倍增区。其工作原理相同：入射光被吸收层吸收并激发电子-空穴对，光生载流子朝着雪崩 i 区进行扩散和漂移，在雪崩区高电场强度的作用下，加速运动并与离子发生碰撞电离，开始雪崩倍增过程。本章主要以平面 p-i-n 结构的 HgCdTe 电子雪崩器件为研究内容，采用数值模拟方法对 HgCdTe 电子雪崩器件的性能进行分析和优化。

5.1.2 理论模拟和结构优化

雪崩区是 HgCdTe APD 器件的一个关键区域，其厚度和载流子浓度对 APD 器件中的局域电场分布、隧穿电流、雪崩效应以及载流子输运都有重要的影响。HgCdTe 器件在制备中往往存在材料缺陷，而缺陷又会引入陷阱辅助隧穿电流。那么 HgCdTe APD 器件在雪崩倍增效应下，材料陷阱浓度对载流子输运的影响机制如何？通过建立准确的 HgCdTe 电子雪崩器件模型，研究不同结构下器件的暗电流、光响应率和增益的变化规律，结合有限元数值模拟，设计最佳耗尽层载流子和电场分布结构，以提高和优化 HgCdTe 电子雪崩器件性能，是目前急需解决的问题。

国外研究机构，如法国 CEA/Leti、美国 Raytheon 和 BAE 等，已经对 HgCdTe 电子雪崩器件开展了大量研制工作[10-13]，但国内尚处于初始研发阶段[14]，缺乏可靠的实验数据。因此，首先对国外报道的平面 p-i-n 结构 HgCdTe 电子雪崩器件[15]进行了数值模拟和分析，并提出了该类型器件的优化方法，为实际研制雪崩器件提供理论指导。数值模拟中采用的中波 $Hg_{1-x}Cd_xTe$（$x=0.3$）电子雪崩器件结构和雪崩效应示意图如图 5.6 所示。p 区产生的光生电子进入 i 区以后，在电场的作用下，加速运动获得足够的动能，与离子发生碰撞电离，产生次级电子-空穴对，次级电子继续与离子发生碰撞电离产生更多的电子-空穴对，整个雪崩过程空穴不参与碰撞电离。

(a) 平面p-i-n结构

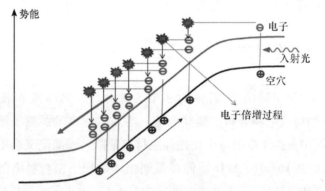

(b) 反向偏压下器件的雪崩效应

图 5.6　中波 $Hg_{1-x}Cd_xTe$ （$x=0.3$） 电子雪崩器件结构和雪崩效应示意图

为了模拟平面 p-i-n 结构 HgCdTe 电子雪崩器件的暗电流输运过程，需建立 HgCdTe 电子雪崩器件的数值物理模型。数值模型使用了载流子的漂移-扩散模型，包括载流子的连续性方程、电流密度方程和泊松方程。光生载流子的产生过程采用 RayTrace 模块进行仿真。产生-复合模型包含了 SRH 复合、辐射复合和俄歇复合三种复合模型。为了研究 HgCdTe 电子雪崩器件在反偏压下的隧穿效应，陷阱辅助隧穿模型和带带隧穿模型被增加到了产生-复合模型中。载流子的碰撞电离过程对于雪崩器件的仿真非常重要，模型中采用了目前普遍认可的 Okuto-Crowel 雪崩模型，雪崩模型的相关系数首先采用 $a=0.85$，$b=2.8\times10^4$，$c=1$，然后根据实验数据的拟合情况进行修正，相应物理过程的表达式详见第 2 章。仿真中主要涉及平面 p-i-n 结构 HgCdTe 电子雪崩器件的基本参数如表 5.1 所示。

表5.1 仿真中主要涉及平面 p-i-n 结构 HgCdTe 电子雪崩器件的基本参数

参数	n 型	i 型	p 型
厚度/μm	2	0.5~4	9
掺杂/cm^{-3}	1×10^{18}	$3 \times 10^{14} \sim 1 \times 10^{16}$	3×10^{16}
组分	0.3	0.3	0.3
E_{trap}	—	$0.25E_g$	—
m_{trap}	—	$0.03m_0$	—
N_{trap}/cm^{-3}	—	$1 \times 10^{12} \sim 1 \times 10^{16}$	—
SRH 寿命/μs	—	5	—

考虑以上所有物理机制后，采用 Sentaurus-TCAD 软件对 HgCdTe 电子雪崩器件进行了二维稳态仿真计算，对文献[15]报道的实验暗电流和光电流曲线进行拟合，以修正模型参数的准确性。器件光电流和暗电流曲线的仿真结果和实验拟合结果如图 5.7 所示。所建立的数值模型能够对实验 $I-V$ 特征曲线进行很好的拟合，从而验证了模型的准确性。

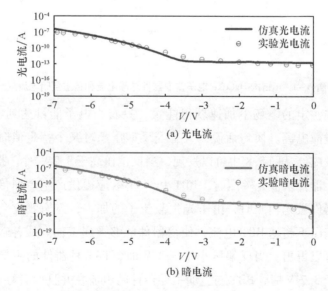

图 5.7 HgCdTe 电子雪崩器件光电流和暗电流曲线的仿真结果和实验拟合结果

在产生-复合模型中添加陷阱辅助隧穿（TAT）模型和不添加 TAT 模型分别进行暗电流仿真计算，从两者暗电流的差别中提取出相应的陷阱辅助隧穿电流。采用该方法可以对 HgCdTe 电子雪崩器件的各个电流成分，包括 SRH、俄歇、辐射、雪崩、TAT 和直接隧穿（BBT）成分，成功进行提取。计算结果表明，暗电流中俄歇、辐射和 SRH 暗电流成分在反偏压大于 2.5 V 时，可以忽略不计。因此，平面 p-i-n 结构 HgCdTe 电子雪崩器件的暗电流主要产生机制有 TAT、BBT 和雪崩效应。平面 p-i-n 结构 HgCdTe 电子雪崩器件总暗电流和各主要暗电流成分的提取结果如图 5.8 所示。

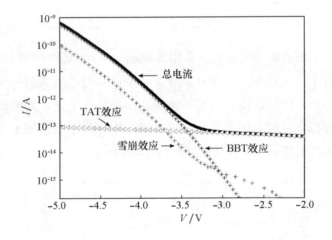

图 5.8　平面 p-i-n 结构 HgCdTe 电子雪崩器件总暗电流和各主要暗电流成分的提取结果

电子在一定的电场下加速获得能量，只有当电子能量达到电离阈值时，才能发生碰撞电离。换句话说，只有当反偏压超过某个特定值时，器件才会产生雪崩效应。从图 5.8 中可以发现，当反偏压高于 3.2 V 时，器件的雪崩效应很明显。器件未被光辐照时，BBT 和 TAT 效应提供产生雪崩倍增的原始载流子。当器件被光辐照时，由于光生载流子的加入，雪崩效应会得到增强而在适当反偏压下超越 BBT 电流，使得器件能够雪崩工作。从各暗电流成分的提取结果可以得出，当反偏压小于 3.2 V 时，TAT 是器件的主导暗电流；当反偏压大于 3.2 V 时，BBT 与雪崩主导器件暗电流，并且两者存在竞争机制，如图 5.8 所示。

TAT 属于器件的非本征过程，对 HgCdTe 材料的生长和退火处理等工艺非常敏感。TAT 电流是指载流子借助陷阱辅助能级，分步穿越到导带，形成隧穿电流。因此，TAT 过程极其依赖于陷阱能级和陷阱浓度[16]。不同陷阱浓度对器件暗电流影响的模拟结果如图 5.9 所示。模拟中假设陷阱能级位于导带下方 $0.25E_g$ 处，从图 5.9 中可以看出，具有高陷阱浓度的器件在小反偏压段就存在较大的漏电流，严重限制器件性能。因此，减少生长和制备工艺对 HgCdTe 材料引入的陷阱浓度是研制高质量 HgCdTe 电子雪崩器件的必要途径。

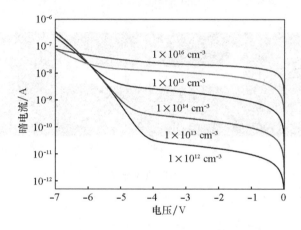

图 5.9 不同陷阱浓度对器件暗电流影响的模拟结果（见彩插）

BBT 作为另一种重要的暗电流来源，属于器件的本征过程。在高反偏压下，电子从 p 区价带直接隧穿到 n 区导带，形成 BBT 漏电流。从 J_{bbt} 的公式 (2.22) 也可以看出，BBT 强烈依赖于电场强度。因此，BBT 产生率具有局域性质，主要由器件结构中较强电场区主导，与器件整体结构相关。HgCdTe 电子雪崩器件电场分布和 BBT 产生率分布的仿真结果如图 5.10 所示。从图中可以看出，由于雪崩 i 区掺杂浓度低，电场主要分布在雪崩 i 区。同时，p-n 结拐角处的电场强度最强。相应地，BBT 产生率也主要分布在这些区域，在雪崩 i 区拐角处急剧上升，这些结拐角在某些情况下还可能引发器件的雪崩预击穿。因此，在器件制备过程中应尽可能地消除尖的结拐角，提高器件的抗击穿能力和整体性能。

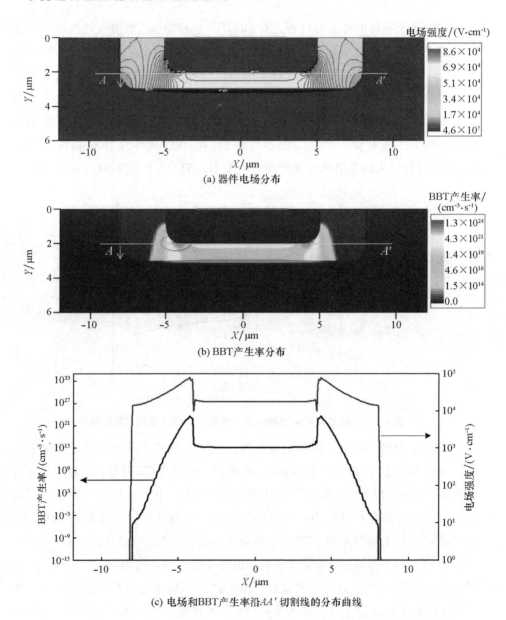

(a) 器件电场分布

(b) BBT产生率分布

(c) 电场和BBT产生率沿AA'切割线的分布曲线

图5.10 HgCdTe 电子雪崩器件电场分布和 BBT 产生率分布的仿真结果

第5章
红外电子雪崩器件的载流子输运与雪崩机制研究

通过前面雪崩器件在高反偏压工作下的暗电流机制分析，BBT 与雪崩效应并存，共同主导暗电流机制。同时，BBT 产生率与器件结构和电场分布密切相关。因此，需要通过优化整个器件的电场分布，降低 BBT 漏电流，以达到提高器件性能的目的。雪崩区的厚度和载流子浓度对 APD 器件中的局域电场分布、隧穿电流、雪崩效应以及载流子输运都有重要的影响。分析和优化雪崩区的厚度和载流子浓度，对高性能 APD 器件的研制至关重要。雪崩区不同掺杂浓度下器件沿 p-n 结垂直方向的电场强度分布如图 5.11（a）所示。在固定反偏压下，掺杂浓度越低越有利于雪崩区电场强度的均匀分布。雪崩区不同掺杂浓度下器件 BBT 漏电流和增益的仿真结果如图 5.11（b）和（c）所示。仿真结果表明，在同一反偏压下，较低的掺杂浓度能够增强电场的均匀性分布，降低 BBT 产生率。同时，当掺杂浓度为 $1\times10^{15}\ cm^{-3}$ 时，器件在 -4.3 V 时增益能达到 100 以上，而 BBT 漏电流要比掺杂浓度为 $5\times10^{15}\ cm^{-3}$ 时低两个量级。

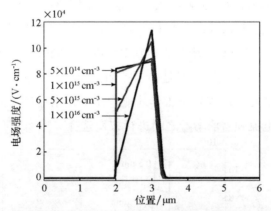

(a) 不同雪崩区掺杂浓度下器件沿p-n结垂直方向的电场强度分布

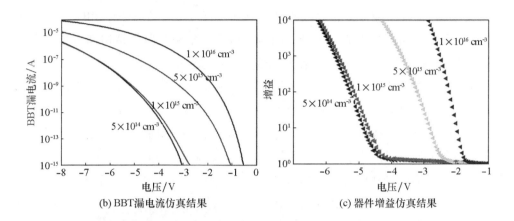

(b) BBT漏电流仿真结果　　　　　(c) 器件增益仿真结果

图5.11　雪崩区掺杂浓度的优化仿真结果（见彩插）

雪崩区不同厚度下器件沿p-n结垂直方向的电场强度分布如图5.12（a）所示。在固定反偏压下，雪崩区厚度越厚电场强度分布的范围也就越宽，但对器件电场的均匀性分布影响不大。雪崩区不同厚度下器件BBT漏电流和增益的仿真结果如图5.12（b）和（c）所示。仿真结果表明，当雪崩区厚度为1 μm时，器件在-5.3V时增益能达到100以上，同时BBT漏电流要比厚度为3 μm时的器件高四个量级。但是，当雪崩区厚度为3 μm时，器件需要在非常高的反偏压（大于10 V）下工作才能产生一定增益值。因此，雪崩区厚度需要在BBT漏电流和雪崩增益之间进行权衡选择，雪崩区厚度应为1~3 μm。

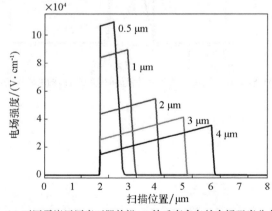

(a) 不同雪崩区厚度下器件沿p-n结垂直方向的电场强度分布

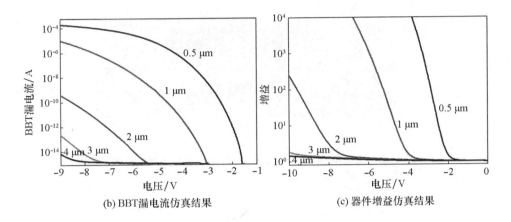

(b) BBT漏电流仿真结果　　(c) 器件增益仿真结果

图 5.12　雪崩区厚度的优化仿真结果

在实际 HgCdTe 电子雪崩器件的制备过程中，可以根据器件的偏压工作条件和增益的需求来合理选择雪崩区的掺杂浓度和厚度。

5.2　平面 p-i-n 型 HgCdTe 雪崩器件实验结果和分析

5.2.1　实验结果

在 CdZnTe 衬底上，使用 Riber 32P MBE 设备生长出 Hg 空位掺杂的 p 型 HgCdTe 材料，Cd 组分 x 为 0.268 8，p 型掺杂浓度为 $N_a \approx 6 \times 10^{15}$ cm^{-3}。经 B$^+$ 注入工艺后，由于 Hg 原子的填隙扩散，材料表面形成 p-i-n 平面结，n 型掺杂浓度为 $N_d \approx 1 \times 10^{18}$ cm^{-3}。实验平面 p-i-n 型 HgCdTe 电子雪崩器件的结构示意图如图 5.13 所示。

i 层的厚度主要由退火时间决定。通过控制器件的退火时间，制备了 i 区厚度为 3 μm、6 μm 和大于 6 μm 的一系列 HgCdTe 电子雪崩器件，分别对这三种器件进行了暗电流和光电流的 I-V 曲线测量，实验结果如图 5.14 所示。

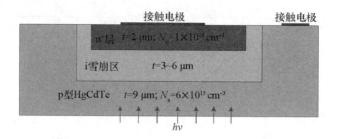

图 5.13 实验平面 p-i-n 型 HgCdTe 电子雪崩器件的结构示意图

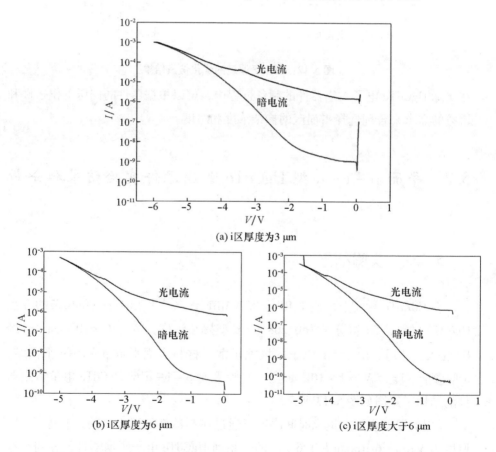

(a) i 区厚度为 3 μm

(b) i 区厚度为 6 μm

(c) i 区厚度大于 6 μm

图 5.14 不同 i 区厚度下 HgCdTe 雪崩器件的暗电流和光电流 $I-V$ 测量曲线

不同 i 区厚度下 HgCdTe 雪崩器件的暗电流 $I-V$ 测量曲线如图 5.15 所示。

通过器件暗电流 I - V 曲线可以发现，器件暗电流表现出与 i 区厚度几乎无关的异常电学特性。这一特性不符合雪崩器件的基本性质，也有悖于之前的理论模拟和分析。

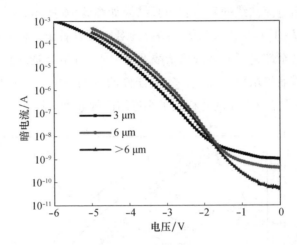

图 5.15　不同 i 区厚度下 HgCdTe 雪崩器件的暗电流 I - V 测量曲线

5.2.2　结果分析

针对器件暗电流与 i 区厚度无关的异常特性，为了寻找问题的物理原因，进一步对实验器件进行了理论模拟和分析。同样，采用前一节所建立的平面 p - i - n HgCdTe 电子雪崩器件模型，根据样品器件的几何结构，对器件进行了数值模拟仿真。仿真中所涉及的器件参数与实际参数对比如表 5.2 所示。

表 5.2　仿真中所涉及的器件参数与实际参数对比

层	厚度/μm		掺杂浓度/cm^{-3}	
	实际	仿真	实际	仿真
n	1~2	2	1×10^{18}	1×10^{18}
i	3~6	3~6	不确定	1×10^{15} ~ 2×10^{16}
p	9	9	6×10^{15}	6×10^{15}

实际平面 p-i-n 结构 HgCdTe 电子雪崩器件的 i 层浓度很难进行准确测量，因此，并不清楚实验雪崩器件的 i 区掺杂浓度。为此，取 i 区掺杂浓度范围 $1\times10^{15}\sim2\times10^{16}$ cm^{-3} 进行了暗电流 I-V 曲线的仿真计算。不同 i 区掺杂浓度下器件暗电流曲线的实验和仿真结果如图 5.16 所示，模拟中取 i 区厚度为 3 μm。从 I-V 实验结果与仿真结果的对比可以看出，样品器件的 i 区掺杂浓度较高，甚至超过了 p 区的掺杂浓度值，使得 i 区在物理意义上已经不再是最初设计的雪崩倍增区。因此，实验器件的电场主要分布在掺杂相对较低的 p 区吸收层，雪崩区从 i 区转移到了靠近结区的 p 型区域。

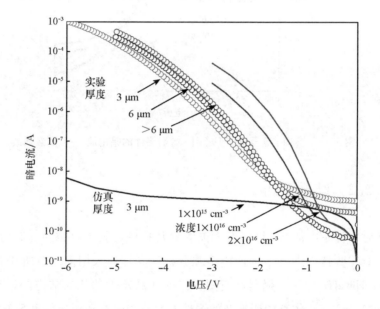

图 5.16　不同 i 区掺杂浓度下器件暗电流曲线的实验和仿真结果对比

为了进一步验证以上分析结论，取 i 区掺杂浓度为 1×10^{16} cm^{-3}，对不同 i 区厚度下的暗电流 I-V 曲线进行了数值模拟，结果如图 5.17 所示。研究表明，此时 i 区厚度的变化对器件暗电流的影响非常小，与实验现象吻合。因此，样品器件失效的主要原因在于 i 区的掺杂浓度过高，甚至大于 p 区的掺杂浓度值，导致平面 p-i-n 型 HgCdTe 电子雪崩器件的雪崩区转移到了 p 区吸收层，限制了雪崩器件的性能。下一步需要改进相应的材料生长工艺和器件制备工艺，尤其是控制好 i 区的掺杂浓度，以改善器件性能。

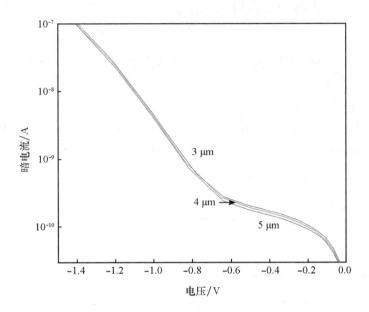

图 5.17　不同 i 区厚度下器件暗电流 $I-V$ 曲线的仿真结果

5.3　InGaAs/InP 短波红外雪崩器件暗电流机制与光电响应特性

InGaAs/InP 雪崩光电探测器有高灵敏性、高探测率的特点，又兼具可以在近红外波段工作，在三维雷达成像、军事、通信等领域得到广泛应用，其单光子探测能力也是近年来迅速发展的量子保密通信领域核心技术之一[17-18]。采用数值仿真方法可以对 InGaAs/InP 雪崩光电探测器暗电流的作用机理、结构优化设计等方面提供理论指导。

5.3.1 器件结构和物理模型

目前，InGaAs/InP 雪崩器件常见结构有 p-i-n 型和 SAGCM（Separate Absorption Grading Charge Multiplication）型[19]。p-i-n 型和 SAGCM 型 InGaAs/InP 雪崩器件结构及电场分布示意图如图 5.18 所示。在 p-i-n 构型中，i 区域同时起到光吸收层和载流子倍增层的作用。而 SAGCM 结构更加复杂，其吸收层、缓冲层、电荷层和倍增层是分离的，属于空穴注入型雪崩器件，相比于简单 p-i-n 构型可以大幅降低器件噪声。

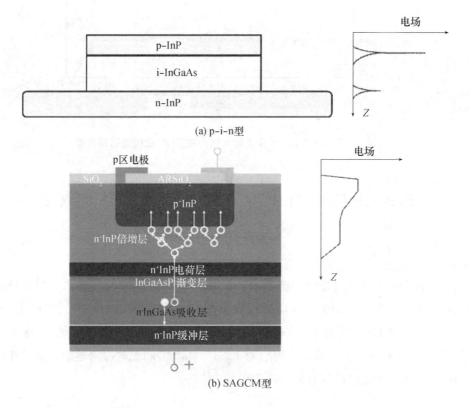

图 5.18　p-i-n 型和 SAGCM 型 InGaAs/InP 雪崩器件结构及电场分布示意图[19]

对于 SAGCM 结构，光吸收区和倍增区均采用低掺杂的 InGaAs 和 InP 材料来降低缺陷浓度和提高少子寿命，同时抑制与隧穿相关的暗电流；InP 电场调控层为 n 型掺杂，用于调控倍增层与吸收层两个关键层中的电场分布，使倍增层能够获得足够大电场，以确保光生载流子获取雪崩电离所需能量，同时在满足光生载流子正常漂移输运前提下，使吸收层电场尽可能小以降低吸收区产生的暗电流；缓冲层主要缓解 InGaAs 与 InP 异质材料间的晶格失配问题，降低 InP/InGaAs 界面因价带差异而形成的空穴势垒高度；倍增层为本征掺杂 InP。除此之外，在结构两侧还可以设计特殊的保护环，抑制边缘击穿效应。不同层的结构尺寸和材料参数都会对 SAGCM 型 InGaAs/InP 雪崩器件性能造成影响，因此，需要先准确了解 SAGCM 型 InGaAs/InP 雪崩器件的主导暗电流机制和相关参数对其影响规律，然后优化器件设计，使器件暗电流和相关噪声最小化。

如图 5.18（b）所示，SAGCM 型 InGaAs/InP 雪崩器件结构主要由 p^+ 型 InP 顶层、本征掺杂 InP 倍增层、n^+ 型 InP 电荷层、InGaAs 渐变层、低掺杂 InGaAs 吸收层、n^- 型 InP 缓冲层、InP 衬底组成。其中，InGaAsP 渐变层由五层组分渐变的 InGaAsP 缓冲层组成，可以避免由于 InGaAs 和 InP 材料带隙不匹配而引起的异质界面处空穴累积现象。通过改变 n^+ 型 InP 电荷层厚度和掺杂浓度，可以调节吸收层和倍增层的内建电场分布，理想的内建电场分布应是倍增层和吸收层分别具有相对较高和较低的均匀电场分布，如图 5.18（b）所示。模拟结构具体参数如表 5.3 所示。其中五层 InGaAsP 渐变层的组分信息如表 5.4 所示[20]。

表 5.3 SAGCM 型 InGaAs/InP 雪崩器件结构参数[19]

参数	InP 衬底	n^- – InP 缓冲层	$In_{0.53}Ga_{0.47}As$ 吸收层	InGaAs 渐变层	n^+ – InP 电荷层	InP 倍增层	p^+ – InP 顶层
厚度/μm	2.0	0.5	2.83	0.012×5	0.25	0.59	2.77
掺杂浓度/cm^{-3}	3×10^{18}	6.6×10^{16}	1×10^{15}	1×10^{16}	1×10^{17}	1×10^{15}	4×10^{17}

表 5.4 五层 InGaAsP 渐变层的组分信息[19]

组分	InGaAs	InGaAsP1	InGaAsP2	InGaAsP3	InGaAsP4	InGaAsP5	InP-Charge
x	0.47	0.437	0.351	0.286	0.219	0.149	0
y	1	0.939	0.758	0.619	0.477	0.327	0

注：InGaAs 渐变层中 Ga 和 As 的组分是渐变的，x 代表 Ga 的组分，y 代表 As 的组分。

器件物理模型以漂移-扩散、泊松方程和载流子连续性方程为基础。产生-复合模型包含 SRH 模型、带带直接隧穿模型、陷阱辅助隧穿模型、俄歇复合模型、辐射复合模型。光生载流子过程用 RayTrace 来模拟。为了模拟冲击电离过程，加入 Eparallel 电离模型。InGaAs/InP 雪崩探测器主要工作原理是利用吸收区产生光生载流子，然后输运至倍增区，在电场加速作用下增大能量最终发生碰撞电离。在模拟结构中，InGaAs 层作为雪崩光电探测器的吸收层，InP 作为倍增层。InGaAs/InP 雪崩倍增模型表达式为[21]：

$$M(x) = \frac{e^{-\int_x^w (\alpha-\beta)dx'}}{1 - \int_0^w \alpha e^{-\int_{x'}^w (\alpha-\beta)dx''}dx'} \quad (5.5)$$

式中：雪崩倍增因子 $M(x)$ 为一个电子-空穴对在倍增区 x 处通过碰撞电离产生的载流子数目；w 为雪崩倍增区宽度；α、β 分别为 InP 电子和空穴的电离系数。

电子和空穴电离系数与电场相关，具体到 InP 材料，其函数关系可以表达为[22]：

$$\alpha = 2.93 \times 10^6 e^{-2.64 \times 10^6/E} \quad (5.6)$$

$$\beta = 1.62 \times 10^6 e^{-2.11 \times 10^6/E} \quad (5.7)$$

式中：E 为电场强度。

令空穴电子的碰撞电离系数之比 $k = \beta/\alpha$，倍增噪声 f 的表达式为[23]：

$$f_{\text{electron}} = 2eI_0 M^3 \left[1 + \frac{1-k}{k}\left(\frac{M-1}{M}\right)^2\right], \quad k \ll 1 \quad (5.8)$$

$$f_{\text{hole}} = 2eI_w M^3 \left[1 - (1-k)\left(\frac{M-1}{M}\right)^2\right], \quad k \gg 1 \quad (5.9)$$

式中：I_0 和 I_w 分别为 $M=1$ 时电子注入和空穴注入时电流。从公式（5.8）和（5.9）可以得知，当倍增材料中 $k \gg 1$ 时，可以用来设计空穴注入型雪崩器件，此时倍增噪声较小；当倍增材料中 $k \ll 1$ 时，可以用来设计电子注入型雪崩器件。InP 材料中空穴碰撞电离系数大于电子碰撞电离系数，一般可用来设计空穴注入型 InGaAs/InP 雪崩器件。SAGCM 型 InGaAs/InP 雪崩器件中材料模拟参数如表 5.5 所示。

表 5.5 SAGCM 型 InGaAs/InP 雪崩器件中材料模拟参数[24]

材料参数	InGaAs 材料	InP 材料
带隙宽度/eV	0.78	1.34
有效导带态密度/cm^{-3}	2.75×10^{17}	5.66×10^{17}
有效价带态密度/cm^{-3}	7.62×10^{18}	2.03×10^{19}
电子迁移率/$cm^2 \cdot (V \cdot s)^{-1}$	12 000	4 730
空穴迁移率/$cm^2 \cdot (V \cdot s)^{-1}$	450	151
相对电子有效质量	0.048 9	0.08
相对空穴有效质量	0.45	0.86
电子俄歇系数/$(cm^6 \cdot s^{-1})$	3.2×10^{-28}	3.7×10^{-31}
空穴俄歇系数/$(cm^6 \cdot s^{-1})$	3.2×10^{-28}	8.7×10^{-30}
电子 SRH 寿命/s	1×10^{-6}	1×10^{-9}
空穴 SRH 寿命/s	1×10^{-6}	1×10^{-9}
辐射复合系数/$(cm^3 \cdot s^{-1})$	1.43×10^{-10}	2×10^{-11}

5.3.2 SAGCM 型 InGaAs/InP 雪崩器件主导暗电流机制

在雪崩区，载流子在高偏压下加速获得足够能量产生冲击电离，因而通常要求器件雪崩区具有较高内建电场和较大作用区域。采用数值模拟方法得到了 SAGCM 型 InGaAs/InP 雪崩器件暗电流和光电流仿真曲线，并与实验上真实测量曲线比对，如图 5.19（a）所示。光增益定义为：

$$G = \frac{I_{\text{light}} - I_{\text{dark}}}{I_{\text{light}}^0 - I_{\text{dark}}^0} \quad (5.10)$$

式中：I_{light}^0 和 I_{dark}^0 分别为贯穿电压开始时的光电流和暗电流。由图 5.19（a）可知，数值仿真结果与实验结果吻合很好，验证了所建物理模型的准确性。依据公式（5.10），可以提取出仿真光增益和实验测量光增益随偏压变化曲线，如图 5.19（b）所示，两者绝对值略有差异，但呈现的变化规律完全一致。

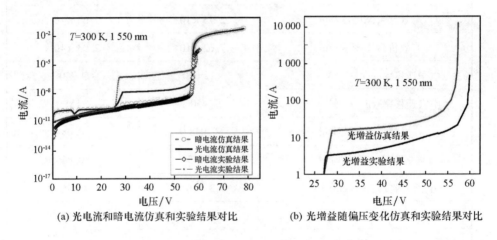

(a) 光电流和暗电流仿真和实验结果对比　　(b) 光增益随偏压变化仿真和实验结果对比

图 5.19　300K 时 SAGCM 型 InGaAs/InP 雪崩器件光电流、暗电流仿真和实验结果对比以及光增益随偏压变化仿真和实验结果对比[19]

在仿真中，为模拟与陷阱能级有关的暗电流情况，InP 倍增层中设置陷阱能级 $E_t = E_v + 0.75 \times E_g$，类型为空穴陷阱，其中 E_v 和 E_g 分别为 InP 价带能级和带隙宽度[16,25-26]。采用 5.1 节各暗电流成分单独提取方法，在器件模型中添加 SRH 模型和不添加 SRH 模型分别进行暗电流仿真计算，从两者暗电流的差别中提取出相应的 SRH 电流。采用该方法对 SAGCM 型 InGaAs/InP 雪崩器件的各个电流成分，包括 SRH、TAT、BBT、俄歇、辐射和雪崩电流进行了提取[27-30]。其中，俄歇复合电流和辐射复合电流成分很小，可以被忽略。因此，SAGCM 型 InGaAs/InP 雪崩器件的主要暗电流成分有 SRH、BBT、TAT 和雪崩倍增电流。

InP 倍增层中陷阱浓度（N_{trap}）是影响 TAT 电流大小的主要因素[31]。InP 倍增层中不同陷阱浓度 N_{trap} 下器件总暗电流和各暗电流成分仿真结果如图 5.20 所示。首先分析雪崩倍增暗电流成分，其主要影响器件的高偏压阶段暗电流，且当偏置电压大于击穿电压时成为器件的主导暗电流之一。其次分析 BBT 暗电流成分，虽然在高的反偏压下，BBT 暗电流会急剧增加，但相对其他暗电流成分较弱。最后分析 TAT 和 SRH 暗电流成分，陷阱能级和陷阱浓度对 TAT 暗电流的影响很大，随着陷阱浓度 N_{trap} 的增大，TAT 暗电流逐渐增大，当 $N_{trap} > 5 \times 10^{15}$ cm^{-3} 时，TAT 和 SRH、雪崩倍增暗电流共同成为器件的主导暗电流。

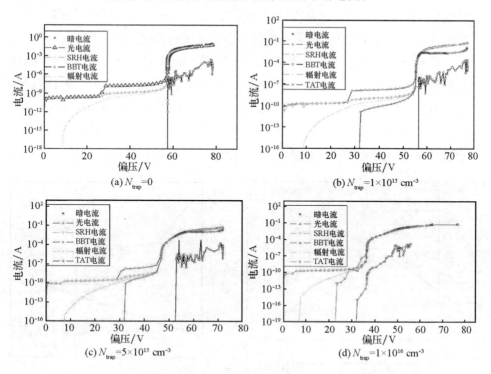

图 5.20 不同陷阱浓度 N_{trap} 下 SAGCM 型 InGaAs/InP 雪崩器件总暗电流和各暗电流成分仿真结果[19]

5.3.3 结构参数对 SAGCM 型器件贯穿和击穿电压的影响

雪崩器件通常需要在高偏置电压下才能正常工作,这就涉及器件的贯穿电压和击穿电压两个重要特征参数[32-34]。通常贯穿电压和击穿电压会受很多因素的影响,如结构保护环、材料厚度、材料的掺杂分布和掺杂浓度等。通过数值模拟,可以模拟相关结构参数对贯穿电压和击穿电压的影响规律,从而为器件的结构优化和材料体系设计提供理论指导。吸收层、倍增层、p 型电极区、电荷控制层及陷阱浓度对贯穿电压和击穿电压的影响规律如图 5.21 所示。

吸收层厚度是影响雪崩器件光吸收性能的主要参数[27,35],应在确保器件光吸收性能的前提下,优化吸收层厚度(D_{abs})以获得较合适的贯穿电压和击穿电压。吸收层厚度 D_{abs} 对贯穿电压和击穿电压的影响规律如图 5.21(a)所示。贯穿电压值为 29 V,几乎不受吸收层厚度的影响。而击穿电压则随着吸收层厚度的增大而增大,这主要是由吸收层内建电场分布随着吸收层厚度的增加而相应减弱所导致,如图 5.22(a)所示。随着吸收层厚度的增加,吸收层中内建电场相应减弱,使得透过吸收层漂移至倍增层的载流子数减少,因而器件在更大的反偏压下才能发生雪崩击穿效应。倍增层厚度(D_{mul})对贯穿

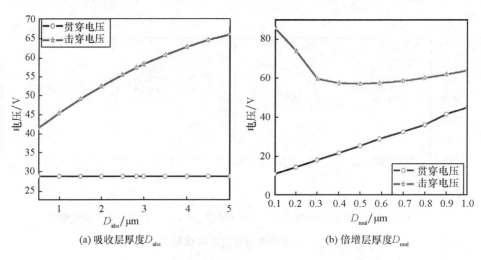

(a) 吸收层厚度 D_{abs} (b) 倍增层厚度 D_{mul}

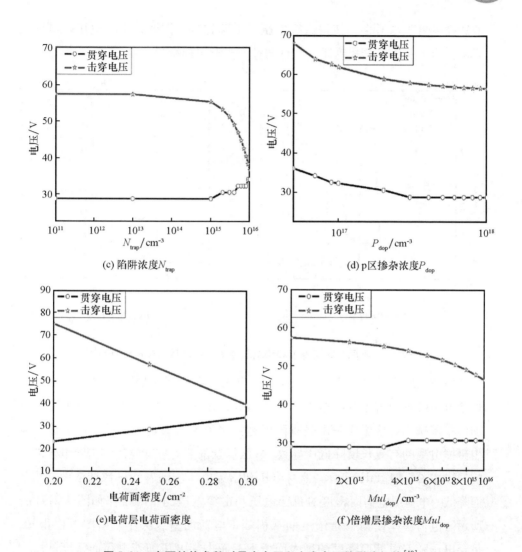

图 5.21 主要结构参数对贯穿电压和击穿电压的影响规律[19]

电压和击穿电压的影响规律如图 5.21（b）所示。当 D_{mul} 从 0.1 μm 增大到 1 μm 时，贯穿电压随着倍增层厚度的增加而单调递增。而击穿电压则随着倍增层厚度的增大呈现先减小后增大的现象，器件内建电场分布随倍增层厚度的变化规律如图 5.22（b）所示。随着倍增层厚度的增大，吸收层和倍增层区的电场分布均会相应减弱，使得击穿电压呈增大趋势，但载流子在倍增区的碰撞电离区域增多，使得击穿电压呈下降趋势，因此，击穿电压随倍增层厚度呈现出非单调变化规律，是这两种因素竞争的结果。

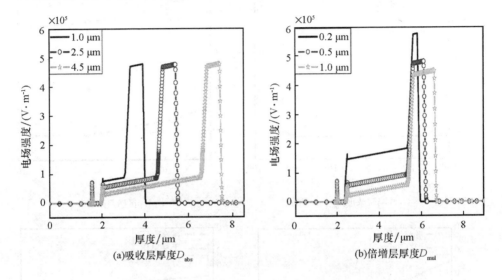

图 5.22　不同吸收层厚度和倍增层厚度下的器件内建电场分布[19]

倍增区陷阱浓度对贯穿电压和击穿电压的影响规律如图 5.21（c）所示。贯穿电压随着陷阱浓度的增加而单调增大，相反击穿电压随着陷阱浓度的增加而单调减小。这主要是由陷阱浓度越大载流子寿命越短，倍增区载流子发生碰撞电离的有效长度降低所导致。p 区掺杂浓度对贯穿电压和击穿电压的影响规律如图 5.21（d）所示。贯穿电压和击穿电压均随着 p 区掺杂浓度的增加而降低。电荷层电荷面密度对贯穿电压和击穿电压的影响规律如图 5.21（e）所示。电荷层厚度与掺杂浓度的乘积等于电荷面密度大小，由图可以得知，贯穿电压随着电荷面密度的增大而增大，而击穿电压随着电荷面密度的增大而减小。在 SAGCM 型雪崩器件中，电荷层的设计目的就是方便调节器件电场的分布[36-38]。结果表明，改变电荷层的电荷面密度大小，可以影响器件内部电场分布，从而改变贯穿电压和击穿电压值。倍增层掺杂浓度（Mul_{dop}）对贯穿电压和击穿电压的影响规律如图 5.21（f）所示。当 Mul_{dop} 的值从 5×10^{16} cm^{-3} 变化到 1×10^{18} cm^{-3} 时，贯穿电压和击穿电压随 Mul_{dop} 变化较小。

5.3.4 p-i-n型InP/InGaAs/InP雪崩器件光响应特性研究

响应率和量子效率是评价p-i-n型InP/InGaAs/InP雪崩器件光响应性能的两个重要指标。器件结构如图5.23所示，采用背入射方式，从下往上依次为500 nm厚n型InP层、30 nm厚本征InP层、本征$In_{0.53}Ga_{0.47}As$吸收层、10 nm厚本征InP层、190 nm厚p型InP层。其中，n型InP层的掺Si浓度为4×10^{18} cm^{-3}，p型InP层的掺Zn浓度为2×10^{19} cm^{-3}。上一节提到吸收层厚度是影响器件光吸收性能的主要参数，为研究吸收层厚度对响应率和量子效率的影响规律，$In_{0.53}Ga_{0.47}As$吸收层厚度D_{abs}取1.5 μm、2.5 μm、3.5 μm、4.5 μm和5.5 μm。取n型InP层和本征InP层界面中心点为坐标原点，水平方向为x坐标轴，垂直方向为y坐标轴。

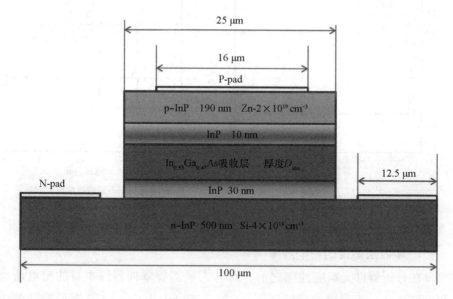

图5.23 p-i-n型InP/InGaAs/InP雪崩器件结构示意图[19]

采用数值仿真方法，不同吸收层厚度下p-i-n型InP/InGaAs/InP雪崩器件的能带仿真结果如图5.24所示。从图中可以看出，偏压主要改变p区能带分布，而n区和吸收层的能带结构不随偏压而改变。当施加0.5 V偏压时，

p区能带相对下移0.5 eV；当施加-0.5 V偏压时，p区能带相对上移0.5 eV。不同吸收层厚度下器件的能带相对分布相同。

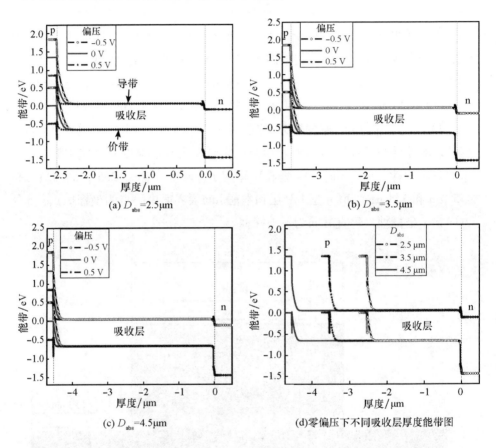

图5.24 不同吸收层厚度下 p-i-n 型 InP/InGaAs/InP 雪崩器件的能带仿真结果[19]

1. 吸收层厚度的影响规律

在分析器件光响应性能之前，研究人员需要掌握器件本身的暗电流特性和主导机制。不同吸收层厚度下 p-i-n 型 InP/InGaAs/InP 雪崩器件的仿真暗电流特性曲线如图5.25所示。从图中可以发现，增加吸收层厚度对器件暗电流并没有显著影响。这可能是由于吸收层中耗尽区宽度小于吸收层厚度，增加吸收层厚度并不会影响耗尽区宽度，不会引起器件暗电流的改变。通过

第5章 红外电子雪崩器件的载流子输运与雪崩机制研究

对器件的内建电场分布仿真，可以分析和验证吸收层中耗尽区宽度是否小于吸收层厚度。p-i-n型InP/InGaAs/InP雪崩器件的内建电场分布仿真结果如图5.26所示。从图中可以发现，当偏压为±0.5 V时，耗尽区宽度约为0.4 μm，远小于吸收层设计厚度（1.5~5.5 μm），表明增加吸收层厚度并没有改变耗尽区宽度，不会引起器件暗电流的改变。

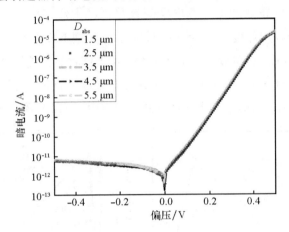

图5.25 不同吸收层厚度下仿真暗电流特性曲线[19]

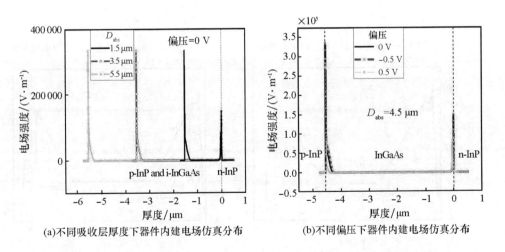

(a) 不同吸收层厚度下器件内建电场仿真分布　　(b) 不同偏压下器件内建电场仿真分布

图5.26 p-i-n型InP/InGaAs/InP雪崩器件的内建电场分布仿真结果[19]

另外,通过研究器件的空间电荷密度分布,也可以分析吸收层厚度对器件耗尽区的影响规律。不同吸收层厚度下器件的空间电荷密度仿真分布如图5.27所示。在仿真中,所有本征层掺杂浓度设置为 1×10^{15} cm^{-3} 的 n 型掺杂。当材料中施主或受主杂质全部电离时,理想状态下空间电荷密度将等于掺杂浓度,即形成空间耗尽区。因此,可以简单地使用空间电荷密度大于或等于掺杂浓度分布区域,计算出空间耗尽区的大小。由图 5.27(a)~(e)可知,在不同吸收层厚度下,InGaAs 吸收层与 n 型 InP 界面空间耗尽区宽度约为 0.14 μm,InGaAs 吸收层与 p 型 InP 界面空间耗尽区宽度约为 0.28 μm,耗尽区宽度远小于吸收层厚度。不同偏压下器件的空间电荷密度仿真分布如图 5.27(f)所示,吸收层厚度为 4.5 μm。从图中可以发现,偏压下 InGaAs 吸

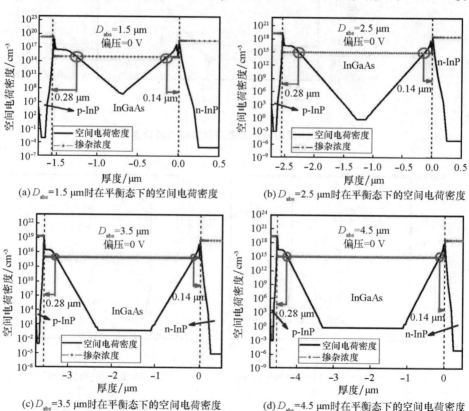

(a) D_{abs}=1.5 μm 时在平衡态下的空间电荷密度

(b) D_{abs}=2.5 μm 时在平衡态下的空间电荷密度

(c) D_{abs}=3.5 μm 时在平衡态下的空间电荷密度

(d) D_{abs}=4.5 μm 时在平衡态下的空间电荷密度

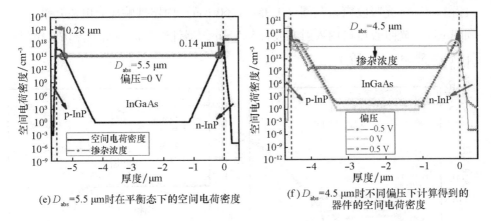

(e) D_{abs}=5.5 μm时在平衡态下的空间电荷密度 (f) D_{abs}=4.5 μm时不同偏压下计算得到的器件的空间电荷密度

图 5.27　不同吸收层厚度下 p-i-n 型 InP/InGaAs/InP 雪崩器件的空间电荷密度仿真分布[19]

收层与 n 型 InP 界面空间耗尽区宽度，与零偏压下相比，基本保持不变。但是 InGaAs 吸收层与 p 型 InP 形成的 p-n 结界面空间耗尽区宽度会随着偏压的改变而改变，从而影响器件暗电流。众所周知，器件的产生-复合暗电流正比于耗尽层厚度[39]，这就解释了吸收层厚度在 1.5~5.5 μm 变化时，器件暗电流并没有发生显著变化的原因。

在获得吸收层厚度对器件暗电流影响规律的基础上，引入光吸收 RayTrace 模型，光功率密度设置为 $1×10^{-4}$ W/cm^2，背入射光斑面积为 (25×25) μm^2，入射波长取为 0.8~1.9 μm，涵盖 InGaAs 光吸收谱范围。光波长与光子能量的转换关系式为[40]：

$$\lambda = \frac{c}{\nu} = \frac{hc}{h\nu} = \frac{1.24}{h\nu} \tag{5.11}$$

其中，λ 和 ν 分别为光波长和频率；c 为真空中光速；h 为普朗克常量；$h\nu$ 为光子能量。在仿真中，InGaAs 和 InP 材料带隙分别为 0.77 eV 和 1.34 eV，由方程式（5.11）可以得出，在相应材料带隙下，其对应的 InGaAs 和 InP 光吸收截止波长分别为 1.61 μm 和 0.93 μm。

固定吸收层厚度为 4.5 μm，不同波长光入射下 p-i-n 型 InP/InGaAs/InP 雪崩器件的光电流特性仿真曲线如图 5.28（a）所示。从图中可以发现，随着入射光波长的增加，负偏压下器件响应光电流呈现先增大再减小的规律，且在 InGaAs 光吸收窗口范围（0.95~1.60 μm）内器件响应光电流几乎不变。取 InGaAs 光吸收窗口内入射光波长 1.5 μm，器件光电流与暗电流仿真结果对比如图 5.28（b）所示。

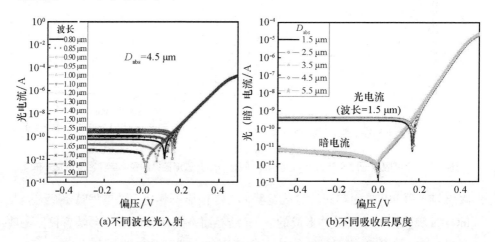

(a) 不同波长光入射　　　　　　　(b) 不同吸收层厚度

图 5.28　p-i-n 型 InP/InGaAs/InP 雪崩器件的光电流和暗电流仿真曲线[19]

响应率 R 和量子效率 η 均为评价器件光响应性能的两个重要特征参数，其表达式分别为[40]：

$$R = \frac{I_0}{P_{opt}} \tag{5.12}$$

$$\eta = \left(\frac{I_p}{q}\right)\left(\frac{P_{opt}}{h\nu}\right)^{-1} = \left(\frac{I_p}{P_{opt}}\right)h\nu = R\frac{1.24}{\lambda} = \frac{1.24R}{\lambda} \tag{5.13}$$

式中：I_0 为零偏压下器件在入射光照射下的输出电流；P_{opt} 为入射光功率；I_p 指在光功率为 P_{opt}、入射光波长为 λ 下器件的响应光电流。p-i-n 型 InP/InGaAs/InP 雪崩器件响应率 R 随吸收层厚度的变化关系如图 5.29 所示。从图中可以发现，该器件的光响应窗口为 0.95~1.60 μm。当入射光波长超出光响应窗口范围时，器件响应率 R 急剧下降，这是由于 n 型 InP 材料的光吸收截止波长为 0.93 μm，InGaAs 材料的光吸收截止波长为 1.61 μm。同时，随着吸收层厚度的增加，器件响应率 R 呈现先增大后减小的规律。器件量子效率 η 随着吸收层厚度的增加同样呈现先增大后减小的规律，如图 5.30 所示。一

第 5 章
红外电子雪崩器件的载流子输运与雪崩机制研究

开始随着吸收层厚度的增加，器件光吸收率逐渐提高直至趋于饱和，器件响应率 R 呈上升趋势；吸收层厚度继续增加将加大光激发载流子在吸收层中扩散漂移的损耗，反而导致器件响应率 R 的下降。由此得出，该器件的最佳吸收层厚度范围为 3.5~4.5 μm。

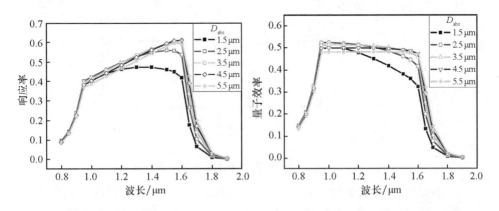

图 5.29 不同吸收层厚度下器件光响应率[19]

图 5.30 不同吸收层厚度下器件光量子效率[19]

2. n-InP 层厚度的影响规律

为了进一步提高 p-i-n 型 InP/InGaAs/InP 雪崩器件在短波方向的量子效率，使其在 0.5 μm 处光量子效率高于 15%，通过数值仿真研究 n-InP 层厚度对 p-i-n 型 InP/InGaAs/InP 雪崩器件光响应的影响规律，以此优化 InP 层厚度。在仿真中，n-InP 层厚度（D_{n-InP}）范围设置为 0.1~0.5 μm。同样采用 RayTrace 模型模拟光吸收过程，光功率密度设为 1.0×10^{-4} W/cm^2，光斑为 (25×25) μm^2，入射光波长为 0.5~1.9 μm。不同 n-InP 层厚度下 p-i-n 型 InP/InGaAs/InP 雪崩器件光电流仿真曲线如图 5.31 所示。

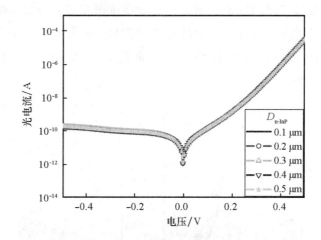

图 5.31 不同 n-InP 层厚度下器件的光电流仿真曲线[19]

不同 n-InP 层厚度下 p-i-n 型 InP/InGaAs/InP 雪崩器件光响应率随波长变化的关系曲线如图 5.32 所示。器件在短波方向光响应率 R 随着 n-InP 层厚度的增大而减小。器件量子效率 η 随着吸收层厚度的增加同样呈现单调减小的规律,如图 5.33 所示。为了使器件在 0.5 μm 处光波长量子效率大于 15%,器件中的 n-InP 层厚度设计值应小于 0.2 μm。

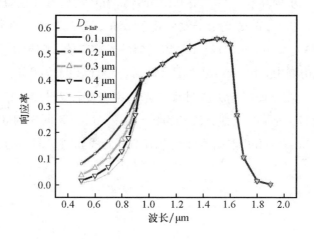

图 5.32 不同 n-InP 层厚度下器件的光响应率随波长变化的关系曲线[19]

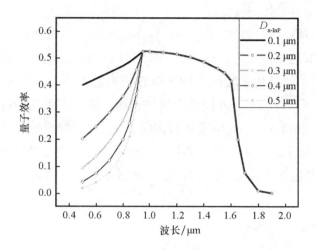

图 5.33　不同 n–InP 层厚度下器件的量子效率随波长变化的关系曲线[19]

5.4　新型金属-绝缘体-金属结构雪崩红外探测技术

受限于材料生长、流片及器件的表面处理等因素，雪崩器件或多或少受材料缺陷的影响，较大的暗电流及相应噪声问题始终是影响 InGaAs/InP 雪崩光电二极管探测性能的主要原因。要进一步抑制器件暗电流，一方面可以改进材料生长工艺，降低缺陷浓度；另一方面，在不减小量子效率的前提下，减小器件有效面积以削弱材料缺陷对器件性能影响强度。通常，减小器件有效面积，会降低光吸收率，导致量子效率随之降低，达不到提高器件信噪比的目的。近年来，研究兴起的新型金属-介质层-金属（metal-insulator-metal，MIM）人工微结构为解决这一问题提供了很好的思路，该人工微结构存在表面等离子激元光学腔，通过表面等离激元共振效应可以实现对特定波长光的汇聚增透作用，从而达到不损失量子效率的目的。将 InGaAs/InP 雪崩红外探测器放置在 MIM 结构的光汇聚区域，这样不仅可以大大减小器件有效面积抑制暗电流及相关噪声，而且可以不损失量子效率，从而提高器件的信噪比，增强器件的探测性能。

温洁[41]对集成 MIM 结构的 InGaAs/InP 雪崩红外探测器进行了结构设计和优化，并开展相关工艺制备研究。图 5.34 为 InGaAs/InP 雪崩红外探测器上表面集成 MIM 微结构示意图。MIM 微腔结构包含顶层金属光栅、中间介质层、底层金属光栅三层，外围用金属层包裹。顶层采用周期排列的 Au 金属栅，底层采用留有缝隙的 Au 金属板构成。光在底层缝隙处聚集，对应下方可以放置 InGaAs/InP 雪崩器件。两层 Au 金属结构的厚度均为 0.1 μm，中间 SiO_2 介质层厚度 0.3 μm。在图 5.34（b）中，p 为金属光栅周期，d 为光栅宽度。

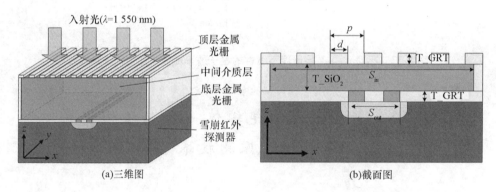

图 5.34　集成 MIM 结构的 InGaAs/InP 雪崩红外探测器结构示意图[40]

有限差分时域法（FDTD）是电磁场数值计算的经典方法之一，可以仿真分析物体光学特性。这一方法主要是借助 Yee 元胞将麦克斯韦方程组中的电场和磁场微分方程进行离散化，转变为有限元差分方程。麦克斯韦方程组表达式为：

$$\nabla \cdot \boldsymbol{E} = -\mu \frac{\partial \boldsymbol{H}}{\partial t} \tag{5.14}$$

$$\nabla \cdot \boldsymbol{H} = \boldsymbol{J} + \varepsilon \frac{\partial \boldsymbol{H}}{\partial t} \tag{5.15}$$

式中：H 和 E 分别为磁场和电场强度；ε 和 μ 分别为材料的介电常数和磁导率；J 为电流密度。通过设定时间和空间步长，采用 FDTD 方法对上述方程组离散化和有限元化。在模拟中，采用完全匹配层吸收边界条件，使得边界对入射光波不产生反射,这样可将有限计算区域近似成无限区域的光学电磁波传输特性[42-43]。

MIM 底层金属缝隙处的光透射谱模拟结果如图 5.35（a）所示,在 1.55 μm 处存在共振透射峰,透射率达到了 63.7%。为了更好地对比 MIM 底层金属缝隙处出射光功率密度与顶层金属光栅处入射光功率密度的大小,可以简单定义光功率密度增强因子 $G_{\text{optical}} = (P_{\text{out}} \cdot S_{\text{in}})/(P_{\text{in}} \cdot S_{\text{out}})$。光功率密度增强因子随着 MIM 顶层金属光栅周期数的增大而增大,最终趋于饱和,如图 5.35（b）所示。当金属光栅周期数达到 30 以上时,光功率密度增强因子趋于饱和值 9.3 倍。

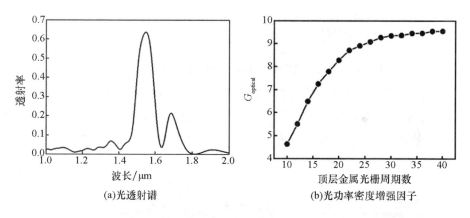

图 5.35　MIM 底层金属缝隙处的光透射谱模拟结果和光功率密度
增强因子随着金属光栅周期数的变化规律[40]

其他 MIM 结构参数也会对微结构的光学分布特征产生重要影响,比如顶层光栅周期 p 和金属条带宽度（光栅宽度）d。不同光栅周期 p 及光栅宽度 d 下的透射谱变化如图 5.36 所示。当 $d=0.7$ μm 时,p 从 1.02 μm 变化至 1.22 μm,MIM 结构光透射谱随光栅周期 p 增大发生红移 0.191 μm；当 $p=1.12$ μm 时,d 从 0.64 μm 变化至 0.76 μm,MIM 结构光透射谱随光栅周期 p 增大发生红移 0.036 μm。MIM 微结构的共振模式主要分为 LSP 和 SPP 模式,其中 LSP 为结构周围的局域共振模式,与引起共振的结构形状及尺寸有关；而 SPP 表现出沿界面传输特性,与引起共振的结构周期有关[44-45]。从图 5.36 中可以发现,

金属光栅周期 p 对光透射峰的影响程度远大于光栅宽度 d，该 MIM 微腔内电磁场共振模式主要为 SPP 模式[46-47]。

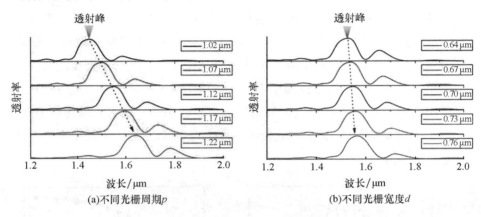

(a) 不同光栅周期 p　　　　　(b) 不同光栅宽度 d

图 5.36　不同光栅周期和宽度下 MIM 微腔光透射谱变化[40]

在石英衬底上通过微纳加工实现了 MIM 人工微结构。MIM 人工微腔结构的工艺流程示意图如图 5.37 所示。在制备过程中，首先通过电子束光刻、电子束蒸镀和剥离过程，实现对顶层 Au 光栅的精准制备，然后利用等离子体增

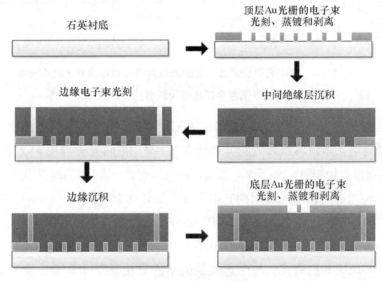

图 5.37　MIM 人工微腔结构的工艺流程示意图[48]

强化学气相沉积生长中间绝缘层 SiN$_x$，刻蚀形成凹槽，最后通过电子束光刻、电子束蒸镀和剥离过程实现底层双缝 Au 金属层的制备。所制备的 MIM 人工微腔结构透射谱随光栅周期和光栅宽度的变化曲线如图 5.38 所示。从图中可以发现，MIM 微腔结构在 1.55 μm 入射波长附近存在较高透射峰，与理论分析较吻合，可应用于 InGaAs/InP 雪崩红外探测器。

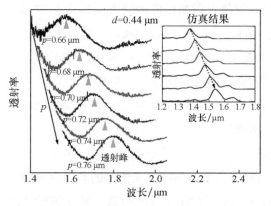

(a) 光栅宽度 0.44 μm 时，光透射谱随光栅周期变化曲线

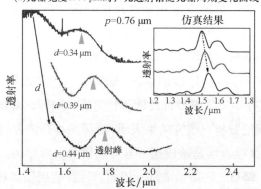

(b) 光栅周期 0.76 μm 时，光透射谱随光栅宽度变化曲线

图 5.38　实际 MIM 人工微腔结构光透射谱随光栅周期和宽度变化曲线
（插图分别表示相同结构参数下的仿真结果）[47]

5.5 本章小结

本章通过建立准确的 HgCdTe 和 InGaAs/InP 电子雪崩器件理论模型，采用 Sentaurus-TCAD 软件对雪崩器件的暗电流输运和雪崩机制进行了模拟仿真和分析，介绍了平面 p-i-n 结构 HgCdTe 雪崩器件和 SAGCM 结构 InGaAs/InP 雪崩器件的暗电流和雪崩增益特性，明确了结构参数对器件性能影响的主要机制，提出了器件结构的优化方案，并对实际 p-i-n 结构 HgCdTe 雪崩器件和集成 MIM 型 SAGCM 结构 InGaAs/InP 雪崩器件的研制和性能改进提供了理论指导。具体结果如下：

（1）基于实验测量的 $I-V$ 特征曲线，建立精确的平面 p-i-n 结构中波 HgCdTe 电子雪崩器件模型，提取雪崩器件的各暗电流成分，得出其主要暗电流机制：低反偏压阶段由 TAT 主导暗电流；高反偏压阶段由 BBT 和雪崩效应主导暗电流。基于暗电流产生机制的理论分析，研究陷阱浓度对器件性能的影响。优化了雪崩 i 区掺杂浓度和厚度等关键参数，达到了在获得理想雪崩增益的同时极大地降低器件漏电流的良好效果。

（2）制备了不同 i 区厚度的中波 HgCdTe 电子雪崩器件样品。实验发现，改变 i 区的厚度并不能影响器件性能。针对这一问题，对研制的样品器件进行了模拟仿真和理论分析。研究结果表明，i 区的掺杂浓度过高，使得雪崩区从 i 区转移到了 p 区吸收层是造成这一异常现象的主要原因。为下一步针对性地改进相关工艺，降低 i 区掺杂浓度，提高器件性能提供了理论指导。

（3）通过数值仿真提取了 SAGCM 型 InGaAs/InP 雪崩器件的各个暗电流成分，研究表明，当陷阱浓度大于 5×10^{15} cm^{-3} 时，高偏压下 SRH、TAT 和雪崩倍增共同主导器件暗电流机制。分析了主要结构参数对贯穿电压和击穿电压的影响规律，结果表明，击穿电压与吸收层厚度呈正相关关系，与倍增层陷阱浓度和掺杂浓度、p 区掺杂浓度以及电荷层电荷面密度呈负相关关系。击穿电压随着倍增层厚度的增加则呈现先减小后增大的规律。

（4）采用 RayTrace 光吸收模型仿真分析了吸收层厚度、n 型 InP 层厚度对 p-i-n 性 InP/InGaAs/InP 雪崩器件光响应性能的影响规律，结果表明，随着吸收层厚度的增加，器件响应率和量子效率均呈现先增大后减小的规律，最佳吸收层厚度为 3.5~4.5 μm，此时器件光响应率和量子效率最大。随着 n 型 InP 层厚度的增加，器件在短波方向光响应率和量子效率逐渐降低，为确保器件在波长 0.5 μm 处光量子效率高于 15%，n 型 InP 层厚度设计值应低于 0.2 μm。

（5）在雪崩器件表面引入 MIM 人工微腔结构，通过表面等离激元共振效应可以实现对特定波长光的汇聚增透作用，在不影响量子效率的前提下，降低器件有效工作面积，从而降低暗电流和相关噪声，达到提升雪崩红外探测性能的目的。MIM 人工微腔结构的理论设计和实验制备工作已经取得了一定成果，相关理论和实验结果证实：通过优化 MIM 人工微腔结构尺寸，可以有效实现对特定入射光的汇聚增透作用，提高器件光响应性能。

参考文献

[1] ROGALSKI A, PIOTROWSKI J. Intrinsic infrared detectors[J]. Progress in Quantum Electronics, 1988, 12(2-3): 87-289.

[2] VELICU S, ASHOKAN R, SIVANANTHAN S. A model for dark current and multiplication in HgCdTe avalanche photodiodes[J]. Journal of Electronic Materials, 2000, 29(6): 823-827.

[3] PERRAIS G, GRAVRAND O, BAYLET J, et al. Gain and dark current characteristics of planar HgCdTe avalanche photodiodes[J]. Journal of Electronic Materials, 2007, 36(8): 963-970.

[4] KINCH M A. HgCdTe: recent trends in the ultimate IR semiconductor[J]. Journal of Electronic Materials, 2010, 39(7): 1043-1052.

[5] JACK M, WEHNER J, EDWARDS J, et al. HgCdTe APD-based linear-mode photon counting components and ladar receivers[C]//Proceedings of SPIE: Defense, Security, and Sensing, 2011, 8033: 135-152.

[6]　SINGH A, SRIVASTAV V, PAL R. HgCdTe avalanche photodiodes: a review[J]. Optics & Laser Technology, 2011, 43(7): 1358 – 1370.

[7]　BECK J D, WAN C F, KINCH M A, et al. MWIR HgCdTe avalanche photodiodes[C]//Proceedings of SPIE, 2001, 4454: 188 – 197.

[8]　BECK J D, WAN C F, KINCH M A, et al. The HgCdTe electron avalanche photodiode[J]. Journal of Electronic Materials, 2006, 35(6): 1166 – 1173.

[9]　MALLICK S, BANERJEE K, VELICU S, et al. Avalanche mechanism in p^+-n^--n^+ and p^+-n mid-wavelength infrared $Hg_{1-x}Cd_xTe$ diodes on Si substrates [J]. Journal of Electronic Materials, 2008, 37(9): 1488 – 1496.

[10]　PERRAIS G, ROTHMAN J, DESTEFANIS G, et al. Impulse response time measurements in $Hg_{0.7}Cd_{0.3}Te$ MWIR avalanche photodiodes[J]. Journal of Electronic Materials, 2008, 37(9): 1261 – 1273.

[11]　BECK J, WOODALL M, SCRITCHFIELD R, et al. Gated IR imaging with 128 × 128 HgCdTe electron avalanche photodiode FPA[J]. Journal of Electronic Materials, 2008, 37(9): 1334 – 1343.

[12]　ROTHMAN J, BAIER N, BALLET P, et al. High-operating-temperature HgCdTe avalanche photodiodes[J]. Journal of Electronic Materials, 2009, 38(8): 1707 – 1716.

[13]　GHOSH S, MALLICK S, BANERJEE K, et al. Low-noise mid-wavelength infrared avalanche photodiodes[J]. Journal of Electronic Materials, 2008, 37(12): 1764 – 1769.

[14]　顾仁杰, 沈川, 王伟强, 等. MBE 生长的 PIN 结构碲镉汞红外雪崩光电二极管[J]. 红外与毫米波学报, 2013, 32(2): 136 – 140.

[15]　ROTHMAN J, DE BORNIOL E, BISOTTO S, et al. HgCdTe APD-focal plane array development at DEFIR for low flux and photon-counting applications[C]//Proceedings of Quantum of Quasars Workshop, 2010.

[16]　JI X L, LIU B Q, XU Y, et al. Deep-level traps induced dark currents in extended wavelength $In_xGa_{1-x}As$/InP photodetector[J]. Journal of Applied

Physics, 2013, 114(22): 224502.

[17] LIAO S K, CAI W Q, LIU W Y, et al. Satellite-to-ground quantum key distribution[J]. Nature, 2017, 549(7670): 43-47.

[18] REN J G, XU P, YONG H L, et al. Ground-to-satellite quantum teleportation[J]. Nature, 2017, 549(7670): 70-73.

[19] 胡伟达,李庆,温洁,等. InGaAs/InP 红外雪崩光电探测器的研究现状与进展[J]. 红外技术, 2018, 40(3): 201-208.

[20] 许娇. 红外探测器暗电流成份分析和机理研究[D]. 上海:中国科学院上海技术物理研究所, 2016.

[21] MCINTYRE R J. Multiplication noise in uniform avalanche diodes[J]. IEEE Transactions on Electron Devices, 1966, 13(1): 164-168.

[22] COOK L W, BULMAN G E, STILLMAN G E. Electron and hole impact ionization coefficients in InP determined by photomultiplication measurements[J]. Applied Physics Letters, 1982, 40(7): 589-591.

[23] STILLMAN G E, WOLFE C M. Chapter 5 avalanche photodiodes[M]// Semiconductors and Semimetals[M]. Amsterdam: Elsevier 1977.

[24] WANG X D, HU W D, CHEN X S, et al. Dark current simulation of InP/$In_{0.53}Ga_{0.47}As$/InP p-i-n photodiode[J]. Optical and Quantum Electronics, 2008, 40(14-15): 1261-1266.

[25] LI L Q, DAVIS L M. Single photon avalanche diode for single molecule detection[J]. Review of Scientific Instruments, 1993, 64(6): 1524-1529.

[26] ANDO H, KANBE H, ITO M, et al. Tunneling current in InGaAs and optimum design for InGaAs/InP avalanche photodiode[J]. Japanese Journal of Applied Physics, 1980, 19(6): L277-L280.

[27] JIANG X D, ITZLER M A, BEN-MICHAEL R, et al. InGaAsP-InP avalanche photodiodes for single photon detection[J]. IEEE Journal of Selected Topics in Quantum Electronics, 2007, 13(4): 895-905.

[28] FABIO A, MICHELE A, ALBERTO T, et al. Design criteria for InGaAs/

InP single-photon avalanche diode[J]. IEEE Photonics Journal, 2013, 5(2): 6800209.

[29] ZENG Q Y, WANG W J, WEN J, et al. Effect of surface charge on the dark current of InGaAs/InP avalanche photodiodes[J]. Journal of Applied Physics, 2014, 115(16): 164512-1-164512-5.

[30] HU W D, LIANG J, YUE F Y, et al. Recent progress of subwavelength photo traping HgCdTe infrared detector[J]. Journal of Infrared and Millimeter Waves, 2016, 35(1): 25-36.

[31] ZHANG S B, ZHAO Y L. Study on impact ionization in charge layer of InP/InGaAs SAGCM avalanche photodiodes[J]. Optical and Quantum Electronics, 2015, 47(8): 2689-2696.

[32] MUSZALSKI J, KANIEWSKI J, KALINOWSKI K. Low dark current InGaAs/InAlAs/InP avalanche photodiode[J]. Journal of Physics: Conference series, 2009, 146(1): 012028.

[33] VASILEUSKI Y, MALYSHEV S, CHIZH A. Design considerations for guard-ring-free planar InGaAs/InP avalanche photodiode[J]. Optical and Quantum Electronics, 2008, 40(14-15): 1247-1253.

[34] QUAY R, PALANKOVSKI V, CHERTOUK M, et al. Simulation of InAlAs/InGaAs high electron mobility transistors with a single set of physical parameters[C]//IEDM Technical Digest, San Francisco, 2002: 186-189.

[35] ITZLER M A, JIANG X D, ENTWISTLE M, et al. Advances in InGaAsP-based avalanche diode single photon detectors[J]. Journal of Modern Optics, 2011, 58(3/4): 174-200.

[36] CHENG J, YOU S F, RAHMAN S, et al. Self-quenching InGaAs/InP single photon avalanche detector utilizing zinc diffusion rings[J]. Optics Express, 2011, 19(16): 15149-15154.

[37] PELLEGRINI S, WARBVRTON R E, TAN L J J, et al. Design and performance of an InGaAs-InP single-photon avalanche diode detector[J]. IEEE Journal of Quantum Electronics, 2006, 42(4): 397-403.

[38] ACERBI F, TOSI A, ZAPPA F. Growths and diffusions for InGaAs/InP single-photon-avalanche diodes[J]. Sensors and Actuators: A. Physical, 2013, 201: 207-213.

[39] PARKS J W, SMITH A W, BRENNAN K F, et al. Theoretical study of device sensitivity and gain saturation of separate absorption, grading, charge, and multiplication InP/InGaAs avalanche photodiodes[J]. IEEE Transactions on Electron Devices, 1996, 43(12): 2113-2121.

[40] 施敏. 半导体器件物理与工艺[M]. 2版. 苏州: 苏州大学出版社, 2002.

[41] 温洁. 高信噪比InP基雪崩光电二极管单光子探测器研究[D]. 上海: 中国科学院上海技术物理研究所, 2017.

[42] RYLANDER T, JIN J M. Perfectly matched layer for the time domain finite element method[J]. Journal of Computational Physics, 2004, 200(1): 238-250.

[43] WEN J, WANG W J, LI N, et al. Light enhancement by metal-insulator-metal plasmonic focusing cavity[J]. Optical and Quantum Electronics, 2016, 48(2): 150.

[44] STEGEMAN G I, WALLIS R F, MARADUDIN A A. Excitation of surface polaritons by end-fire coupling[J]. Optics Letters, 1983, 8(7): 386-388.

[45] LAW S, PODOLSKIY V, WASSERMAN D. Towards nano-scale photonics with micro-scale photons: the opportunities and challenges of mid-infrared plasmonics[J]. Nanophotonics, 2013, 2(2): 103-130.

[46] LI Q, LI Z F, LI N, et al. High-polarization-discriminating infrared detection using a single quantum well sandwiched in plasmonic micro-cavity[J]. Scientific Reports, 2014, 4: 6332.

[47] MAIER S A. Plasmonics: fundamentals and applications[M]. New York: Springer, 2007.

[48] WEN J, WANG W J, LI N, et al. Plasmonic optical convergence microcavity based on the metal-insulator-metal microstructure[J]. Applied Physics Letters, 2017, 110(23): 231105.

第6章

基于能带工程的高性能长波 HgCdTe 器件研究

  长波红外 HgCdTe 探测器作为主流红外光电子器件，在我国的国家安全和空间技术发展中具有十分重要的地位，甚长波探测器的探测波段大于 14 μm，该波段包含了大气温度和 CO_2 含量等丰富信息，能够提供云层结构和大气温度分布等额外信息，是对其他光学波段分析的有效补充，长波、甚长波红外探测成为第三代高性能红外探测技术发展的主要目标之一。然而，长波 HgCdTe 器件由于材料本身具有更窄的带隙，在很大程度上受到暗电流特性的制约。通常 HgCdTe 探测器的暗电流主要来源有扩散电流、产生－复合电流、直接隧穿电流、陷阱辅助隧穿电流和表面漏电流。由于在不同测量条件或工艺过程下，几种机制的影响大小和主导关系是急剧变化的，很难定量地获取器件的暗电流主导机制。因此，准确分析 HgCdTe 红外探测器的暗电流特性对了解制约器件性能的内在物理因素以及改善器件制备的工艺过程非常重要。本章主要介绍如何通过建立长波红外 HgCdTe 探测器的精确物理理论模型，研究真实长波红外 HgCdTe 探测器的暗电流特性。基于不同温度条件下的暗电流

第 6 章
基于能带工程的高性能长波 HgCdTe 器件研究

特征参数,研究温度对表面漏电流、陷阱浓度和能级、少子寿命影响规律,揭示不同温度下暗电流的主导机制,明确温度和工艺流程引起器件性能变化的物理原因,为分析长波 HgCdTe 红外探测器暗电流性能提供有效手段。

此外,简要介绍如何基于能带工程提高 HgCdTe 器件性能的新型设计方法。理论上通过合理设计长波 HgCdTe 器件的能带结构,可以针对器件的主要暗电流成分进行有效抑制,如表面漏电流、陷阱相关电流、俄歇产生-复合电流等,同时不影响光生载流子的传输和收集,从而大大提高器件红外探测性能。

6.1 长波 HgCdTe 器件的研究背景

由于吸收波长可调、量子效率高、工作温度范围宽等优点,HgCdTe 器件是许多红外成像系统的理想选择[1-2]。当前典型的 HgCdTe 红外焦平面器件采用的是 n^+ - on - p 结结构[3-4]。虽然 MBE 和 LPE 技术已经被广泛应用于 HgCdTe 薄膜的生长,但是由于 HgCdTe 材料禁带宽度小、掺杂方式复杂、损伤阈值低,HgCdTe 红外焦平面器件尤其是长波器件的制备工艺依然面临着非均匀性、低成品率和温度激活缺陷等问题的困扰[5-8]。长波 HgCdTe 红外焦平面器件的制造成品率不足 10%,而 Si CMOS 器件则高达 90%[9]。探测更长的红外波长(大于 12 μm),意味着 HgCdTe 的带隙宽度更小,Hg 含量更高,精确控制 Cd 组分 x 的难度更大,较小的组分变化都会引起响应波长较大的波动。若 HgCdTe 材料禁带宽度对应的红外波长为 16 μm,Cd 组分 1% 的变化,就会引起响应波长 4.4% 左右的变化[10]。此外,冷目标发出的长波信号相对较弱,长波 HgCdTe 探测器需要工作在较低的温度,尽可能地减小扩散暗电流及其相关噪声,使得暗电流小于光电流。但同时,温度降低会进一步缩小禁带宽度,导致器件容易产生与陷阱辅助隧穿效应以及带带隧穿效应相关的隧穿漏电流[11]。在长波 HgCdTe 器件表面,由于 Hg—Te 键很脆弱,容易受到外界的影响而出现积累、耗尽甚至反型层,形成表面漏电流,大大降低器件的性能[12]。良好的表面钝化技术可以减小表面态、降低 $1/f$ 噪声和表面复合速率，是抑制器件表面漏电流的有效途径之一。为了提高长波 HgCdTe 器件的均匀性和信噪比，不仅对高质量 HgCdTe 材料的生长技术，而且对焦平面器件制备的相关工艺（如 B^+ 注入、退火、表面钝化技术等）也提出了较高的要求。目前，限制长波 HgCdTe 焦平面器件发展的主要因素有[13]：

（1）信噪比。在理想情况下，光电二极管的噪声主要受限于散粒噪声。扩散电流和背景光电流通过结区时引起的电流起伏，体现为散粒噪声。应用于低通量探测的长波 HgCdTe 器件信噪比则主要受限于各种暗电流的相关噪声。

（2）响应均匀性。每个光敏元的光谱响应率可能有所不同，因此需要进行额外的校准。通常在焦平面器件外面加上一个滤波片以限制光谱带宽，提高光谱响应均匀性。

（3）坏元率。空间遥感应用通常要求器件具有较低的坏元率。

在理想的光电二极管器件中，扩散电流是主导暗电流，因为其漏电流很小且对偏压不敏感。然而，在实际 HgCdTe 探测器中，多种额外的载流子产生-复合机制会影响器件的暗电流。器件的吸收层、耗尽层和表面都可能产生漏电流。光电二极管耗尽区主要漏电流产生机制有 TAT、BBT 和碰撞离化。其中，TAT 与耗尽区的陷阱能级和浓度相关，BBT 与带隙宽度密切相关。通过增加带隙宽度，可使得隧穿电流大大降低。在器件的合理位置增加势垒层，可以减少多种暗电流成分，如 TAT、BBT 和 SRH 产生电流，但不影响光电流的传输。这就是基于能带工程提高 HgCdTe 器件性能的新型设计方法[14]。由于 HgCdTe 材料的禁带宽度可以通过组分进行调节，并且晶格常数几乎不变，晶格匹配性好，适合采用能带工程对器件的能带结构进行设计，以提高器件性能。目前，基于能带工程对 HgCdTe 器件进行设计，主要应用于以下两个方面：

（1）高性能的 HgCdTe 器件。基于能带工程的单极阻挡层二极管器件，可以有效地抑制 TAT、BBT、SRH 产生电流以及表面漏电流，极大地降低器件的漏电流和相关噪声，提高器件性能。单极阻挡层二极管器件与普通二极管器件品质因子 R_0A 的对比如图 6.1 所示，单极阻挡层二极管器件的 R_0A 值

第6章 基于能带工程的高性能长波 HgCdTe 器件研究

比普通二极管高了接近五个量级。

（2）高温工作 HgCdTe 器件。随着器件工作温度的升高，本征载流子浓度迅速上升，俄歇漏电流逐渐增强并成为器件的主导暗电流，此时俄歇漏电流成为限制高温工作器件发展的主要因素。通过能带设计，在一定反偏压下，可以实现吸收层的载流子浓度低于热平衡状态值，从而达到抑制俄歇漏电流的效果。

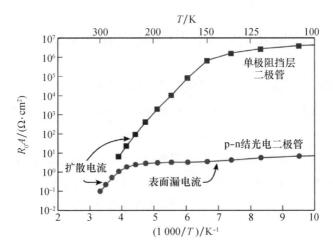

图 6.1 单极阻挡层二极管器件与普通二极管器件品质因子 R_0A 的对比[15]

基于能带工程设计的多种势垒结构的研究大多处于理论阶段，离实际生产应用还有一段距离[16]。因为，在实际 HgCdTe 器件的制备过程中，要想获得理想的能带设计，需要精确掌握材料的组分变化、厚度、掺杂浓度等参数，还要避免在工艺中引入额外的结构缺陷。

本章首先对长波 $Hg_{1-x}Cd_xTe$（$x \approx 0.219$）探测器的电学特性与微观机理进行实验和理论研究。实验测量了不同温度和光敏元面积下长波 HgCdTe 器件的 $I-V$、$R_0A-1000/T$ 和 $1/R_0A-P/A$ 电学特性曲线。结合实验结果，对长波 HgCdTe 器件性能进行了理论模拟和分析，提取了器件的表面复合速率和陷阱浓度值。研究发现，长波 HgCdTe 器件性能主要受限于与材料缺陷相关的 TAT 效应和表面漏电效应[17]。为改进长波器件性能，需要对基于能带工程的 PBπn 型长波器件进行设计和研究，该器件性能相对于传统的 p-n 结光伏器件有所提升，且能够有效抑制俄歇漏电流，有望应用于高温工作 HgCdTe 器件的制备。

6.2　长波 HgCdTe 器件的电学特性与微观机理研究

6.2.1　变温和变面积的电学特性测试及分析

在 CdZnTe 衬底上，采用 LPE 方法生长出 Hg 空位掺杂的 p 型 $Hg_{1-x}Cd_xTe$ ($x \approx 0.219$) 薄层，掺杂浓度为 $N_a = 1.46 \times 10^{16}$ cm^{-3}。p-n 结的制备采用标准的 B$^+$ 注入平面工艺，施主浓度为 $N_d = 1 \times 10^{17}$ cm^{-3}。在 B$^+$ 注入和去除光刻胶以后，由于 Hg 原子的填隙扩散，器件形成了渐变 n$^+$ - n$^-$ - on - p 平面结，如图 6.2 所示。表面采用 CdTe/ZnS 双层膜钝化技术，先在器件表面进行 CdTe 膜钝化，然后在此基础上进行 ZnS 第二层膜钝化。通过精确控制 B$^+$ 注入窗口的大小，制备了光敏元面积 A 从 1.6×10^{-5} cm^2 到 2.5×10^{-3} cm^2 的一系列样品器件。

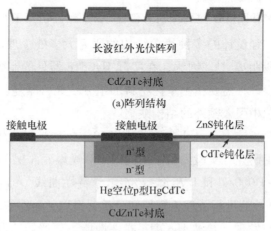

图 6.2　长波 $Hg_{1-x}Cd_xTe$ ($x \approx 0.219$) 器件的结构示意图

$1/R_0A$ 随 P/A 变化的曲线如图 6.3 所示，其中 P 代表 p – n 结周长。根据第 2 章表面漏电流的基本理论可以得知，如果器件不存在表面漏电流，那么 R_0A 值与光敏元面积的大小无关。然而，从图 6.3 可以清晰地观察到，R_0A 值随着光敏元尺寸的增大而减小。实验结果表明，表面漏电依然存在于样品器件中，并在一定程度上影响了长波器件的整体性能。不同温度下同一芯片上性能差异较大的 $5^{\#}$ 和 $7^{\#}$ 光敏元暗电流 – 电压的实验测量结果如图 6.4 所示。当温度低于 60K 时，器件暗电流随偏压迅速上升，表明此时载流子的隧穿效应对器件性能具有重要的影响。不同光敏元隧穿效应的强度有所不同，导致了长波 HgCdTe 阵列器件性能的非均匀性。不同光敏元品质因子 R_0A 值随温度变化的测量结果进一步表明了器件的非均匀性，如图 6.5 所示。图中给出了 $2^{\#} \sim 7^{\#}$ 光敏元 R_0A 值随温度变化的实验结果。在低温 $T < 60$ K 时，光敏元之间的品质因子 R_0A 值存在较大差别，性能差异大。由于长波或甚长波 HgCdTe 器件需要工作在较低的温度（一般为 50～60 K）下，应尽可能地减小扩散电流，使得暗电流适当低于光电流。即便在较低的温度下，长波 HgCdTe 器件依然存在较大的漏电流，限制器件的性能。因此，研究长波 HgCdTe 器件的漏电流机制是发掘和解决目前长波 HgCdTe 材料和器件工艺面临问题的关键。

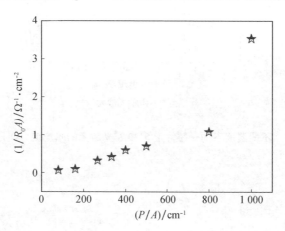

图 6.3　长波 HgCdTe 器件 $1/R_0A$ 随 P/A 变化的实验数据

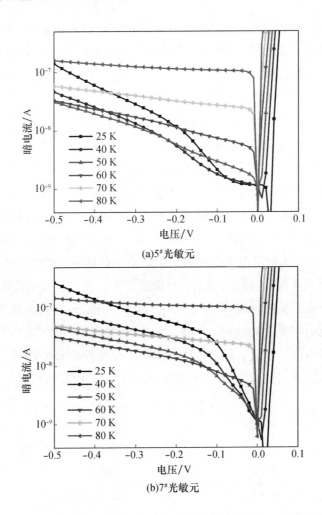

图6.4 不同温度下同一芯片上 $5^{\#}$ 和 $7^{\#}$ 光敏元的暗电流－电压实验曲线

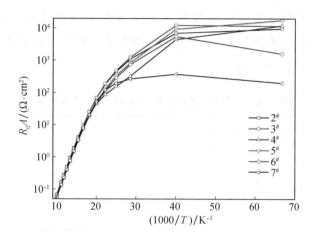

图 6.5　同一芯片上 $2^\#\sim 7^\#$ 光敏元 R_0A 值随温度变化的实验测量结果

6.2.2　长波阵列器件的表面漏电与非均匀性研究

为了揭示长波 HgCdTe 器件的漏电流机制，以及了解引起光敏元之间性能差异性的物理原因，需要准确建立与表面复合和隧穿效应相关的长波 HgCdTe 器件数值物理模型，并对实验 $I-V$ 特征曲线进行模拟仿真。数值模型采用载流子的漂移-扩散模型，包括载流子的连续性方程、电流密度方程和泊松方程。产生-复合模型包含了 SRH 复合、辐射复合和俄歇复合三种模型。为了研究长波 HgCdTe 器件在低温反偏压下的隧穿效应，陷阱辅助隧穿模型和带带隧穿模型被考虑增加到了产生-复合模型中。表面复合是长波 HgCdTe 器件模拟的关键物理过程[18]，器件表面存在大量的缺陷和表面态，会对表面产生-复合过程造成重要的影响。为此，建立了一个等效物理模型对表面复合过程进行仿真。在该等效模型中，采用拥有极短寿命的表面薄层来仿真表面的产生-复合过程。表面薄层中载流子的寿命（τ_s）与表面复合速率（S_0）的关系为[19]：

$$\frac{1}{\tau_s} = \frac{2S_0}{d_{\text{eff}}} \tag{6.1}$$

式中：d_{eff} 为表面复合层的有效厚度，约为 5 nm。仿真中主要涉及的长波 HgCdTe 器件基本参数如表 6.1 所示。长波器件的模拟结构和载流子浓度分布的仿真结果如图 6.6 所示。

表 6.1　仿真中主要涉及的长波 HgCdTe 器件基本参数

区域	厚度/μm	掺杂浓度/cm^{-3}	组分 x	E_t/eV	SRH 寿命/ns
n$^+$ 型	1	$N_a = 1.46 \times 10^{16}$	—	—	—
n$^-$ 型	0.8	$N_a = 2.0 \times 10^{15}$	$x \approx 0.219$	$E_c - 0.30$	30（80 K） 5（50 K）
p 型	10	$N_d = 1 \times 10^{17}$	—	—	—

注：Hg 空位掺杂 p 型 HgCdTe 材料的 SRH 寿命强烈依赖于温度[20]。

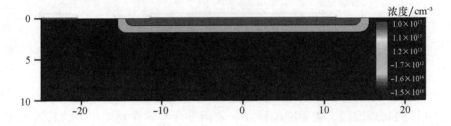

图 6.6　长波器件的模拟结构和载流子浓度分布的仿真结果

80 K 时不同表面复合速率下长波 HgCdTe 器件 I-V 特征曲线的实验与仿真结果对比如图 6.7 所示。计算结果表明，当没有考虑表面复合时（$S_0 = 0$），仿真结果要比实验测量的暗电流值小。随着表面复合速率 S_0 的增加，器件暗电流逐渐增大，性能减弱。通过不同表面复合速率下器件 I-V 曲线的数值拟合，提取了该样品器件的表面复合速率约为 2.5×10^4 cm/s。

通过对低温下器件 I-V 曲线的模拟仿真和分析，可以发现材料陷阱浓度（N_t）的不同是引起光敏元性能差异性的关键因素。不同陷阱浓度下器件 I-V 特征曲线的仿真结果与两个典型光敏元实验 I-V 曲线的对比如图 6.8 所示。在 50 K 时，随着陷阱浓度的升高，器件暗电流迅速增大，此时陷阱辅助隧穿效应极大地限制了器件的性能。通过不同陷阱浓度下 I-V 仿真曲线与实验测量曲线的拟合，分别提取出了 5$^\#$ 和 7$^\#$ 光敏元的陷阱浓度约为 1.0×10^{13} cm^{-3} 和

第 6 章
基于能带工程的高性能长波 HgCdTe 器件研究

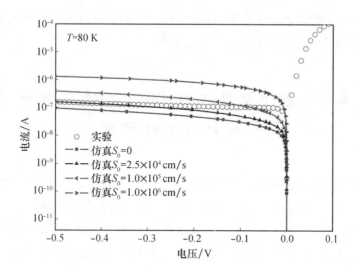

图 6.7　80 K 时不同表面复合速率下长波 HgCdTe 器件 I-V 特征曲线的实验与仿真结果对比

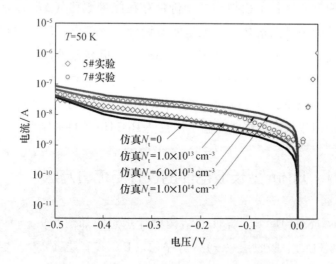

图 6.8　不同陷阱浓度下器件 I-V 仿真曲线与实验测量曲线的对比

6.0×10^{13} cm^{-3}。

由此可见，光敏元之间材料陷阱浓度的差别，导致了陷阱辅助隧穿电流大小的不同，是引发长波 HgCdTe 焦平面阵列器件品质因子 R_0A 非均匀性的主要原因。长波红外遥感应用通常需要焦平面器件具有较高的响应均匀性和较低的缺陷率。因此，为了获得高性能的长波 HgCdTe 红外焦平面阵列器件，人们需要控制器件的陷阱浓度处于较低水平。

6.3 基于能带工程 PBπn 型长波器件的设计和机理研究

为了提高长波 HgCdTe 器件性能，基于能带工程原理设计了 PBπn 型长波 HgCdTe 器件，并进行了实验测试，其中"π"代表 p 型掺杂吸收层，"B"代表势垒层。与传统的长波 p-n 结光伏器件相比，这种 PBπn 型长波器件被证明能够有效地抑制缓冲层界面的表面复合效应，提高光谱响应率。为了深入理解 PBπn 型器件抑制漏电流的物理机制，优化其器件结构，建立了该器件的二维数值模型并进行了模拟仿真。价带存在能带漂移（ΔE_v）是影响势垒结构器件性能的关键因素之一，也是能带设计中的难点。模拟中在势垒层两侧采用了渐变组分结构，极大地消减了 ΔE_v，以提高器件性能。此外，在高温工作条件下，通过对 PBπn 型器件 $I-V$ 特征曲线仿真，发现了反映俄歇抑制效应的负阻抗现象。与传统 p-n 结光伏器件的对比分析表明，新型 PBπn 型结构有望应用于较高性能或高温工作长波 HgCdTe 器件的制备[21]。

6.3.1 PBπn 型长波器件的设计与仿真方法

PBπn 型长波 HgCdTe 器件的结构设计示意图如图 6.9（a）所示。PBπn 结构由顶层（n）、吸收层（π）、势垒层（B）和底层（P）四层组成。未优化前 PBπn 长波器件能带结构的仿真结果如图 6.9（b）所示。P/B 层界面的导带势垒（ΔE_c）能够阻挡 P 底层电子向 π 吸收层运动，起到降低暗电流的作用，同时又不影响 π 吸收层中光生载流子的收集。然而，B/π 层界面的价带势垒（ΔE_v）会在一定程度上阻挡 π 吸收层中光生空穴的收集。因此，为了削弱 ΔE_v，对 PBπn 型器件的能带分布进行了优化，PBπn 型器件的能带优化结果如图 6.9（c）所示。

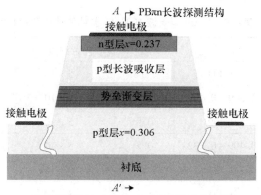

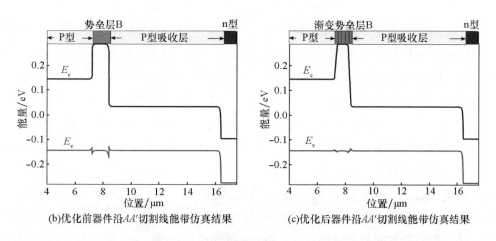

图 6.9　PBπn 型长波 HgCdTe 器件的结构和能带分布（$T=77$ K，$V=0$ V）

6.3.2　理论模拟与实验结果讨论

为了深入理解 PBπn 结构的载流子输运机制，基于载流子的漂移 – 扩散模型，采用 Sentaurus-TCAD 软件对 PBπn 型长波 HgCdTe 器件进行了二维稳态仿真计算。载流子的产生 – 复合过程包括 SRH、俄歇和辐射复合。相应的物理方程详见第 2 章器件物理模型。在模拟中，PBπn 型长波 HgCdTe 器件的结构和材料参数如表6.2所示。

表6.2 PBπn型长波HgCdTe器件的结构和材料参数

层	Cd组分	厚度/μm	掺杂浓度/cm^{-3}	SRH寿命/μs
底层（P）	0.309	6	5×10^{15}	
能带渐变层	0.309~0.409	0.2	5×10^{15}	
势垒层（B）	0.409	0.8	5×10^{15}	10
能带渐变层	0.409~0.232	0.2	5×10^{15}	
吸收层（π）	0.232	9	7×10^{14}	
顶层（n）	0.232	1.2	3×10^{18}	

消除价带漂移 ΔE_v 是提高势垒器件探测率的有效方法[22]。仿真中在B/P层、B/π层组分突变界面处引入渐变组分结构，对器件的能带结构进行了优化。渐变组分结构由20层渐变的组分层组成，每层组分层厚度为 $0.02~\mu m$。对比图6.9（b）和图6.9（c）得出，经过优化后的PBπn型器件 ΔE_v 被有效削减了。这一结果证实了合理的渐变组分结构设计能够有效消除 ΔE_v[23]。

对于传统的长波HgCdTe红外探测器，器件性能容易受到缓冲界面处表面复合效应的影响[24]。然而，对于基于能带工程的PBπn结构，长波辐射能够畅通无阻地穿越带隙较宽的P区，在远离缓冲界面的π层被吸收并激发光生载流子。因此，PBπn结构能够降低缓冲界面表面复合效应对光生载流子的影响，提高探测器的光谱响应率。PBπn型器件与传统p-n结光伏器件光谱响应曲线的仿真结果对比如图6.10所示。模拟中，p-n结光伏器件的结构参数与PBπn型器件对应的πn结部分一致。理论结果表明，PBπn器件在长波段（5~10 μm）的光谱响应率明显高于p-n结光伏器件；PBπn器件在中波段的光谱响应率几乎为零，能够有效抑制中波辐射的干扰。

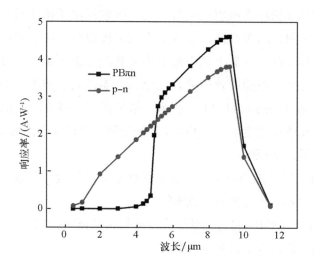

图6.10 PBπn型器件与传统p-n结光伏器件光谱响应曲线的仿真结果对比

此外，相比于p-n结光伏器件，PBπn结构还具有另外一个独特优势，那就是有望应用于高温工作器件的制备。PBπn器件从100 K到230 K温度范围内暗电流I-V曲线的仿真结果如图6.11（a）所示。要使器件能够在高温条件下工作，首先器件得具有主要受限于扩散暗电流的工作性能。在模拟中，先不考虑隧穿效应和表面复合效应对器件性能的影响，假设PBπn器件具有扩散电流限性能。从图6.11（a）中可以看出，在较高温度下，I-V曲线表现出了负阻抗特征，即随着反偏压增大，暗电流值反而下降，表明了俄歇抑制效应的存在[24]。随着器件工作温度的升高，吸收层本征载流子浓度迅速上升并高于其掺杂浓度，俄歇复合逐渐增强并成为器件的主导暗电流。HgCdTe材料的本征载流子浓度n_i可以表示为：

$$n_i = (5.585 - 3.82x + 0.001\ 753T - 0.001\ 364xT) \times \left[10^{14}E_g^{0.75}T^{1.5}\exp\left(-\frac{E_g}{2kT}\right)\right] \tag{6.2}$$

式中：x和E_g分别为HgCdTe材料的Cd组分和禁带宽度；k和T分别为玻尔兹曼常量和温度。

当器件加上一定反偏压时，吸收层中电子被πn结"抽取"，而P区电子因势垒的阻挡无法注入吸收层进行补充，吸收层电子浓度将下降，同时重掺杂 n 层无空穴可注入吸收层，吸收层空穴浓度也将下降，从而使得吸收层载流子浓度整体下降，并低于热平衡下本征载流子浓度值。器件处于非热平衡态工作，是导致俄歇抑制效应的直接原因。器件处于俄歇抑制下载流子浓度分布的仿真结果如图 6.11（b）所示。结果证实，吸收层中电子和空穴浓度都处于热平衡本征浓度下。以 PBπn 器件为例，要建立器件的非热平衡工作状态，主要遵循以下原则：

（1）吸收层的掺杂浓度需要低于其热平衡本征载流子浓度值，使得吸收层在温度上升到一定程度时变成本征层。

（2）两侧 HgCdTe 材料的禁带宽度或掺杂浓度要比吸收层高。PBπn 器件中吸收层的空穴浓度难以从重掺杂的 n 层获得补充。

（3）在器件的合适位置引入势垒层。PBπn 器件中势垒层能够在很大程度上阻止电子从底层 P 区向吸收层进行补充。

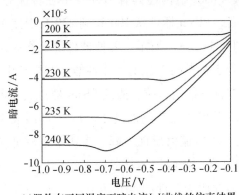

(a) 器件在不同温度下暗电流 I-V 曲线的仿真结果　　(b) 器件沿 p-n 结垂直方向的载流子浓度分布曲线

图 6.11　PBπn 器件的仿真 I-V 曲线和载流子浓度分布曲线

PBπn 器件和传统 p-n 结光伏器件暗电流值随温度变化的仿真结果对比如图 6.12（a）所示（$V = -450\ \text{mV}$）。在整个温度范围内，PBπn 器件比传统 p-n 结光伏器件暗电流更小，性能更强。此外，器件品质因子 R_0A 值随温度变化的仿真结果也证实了 PBπn 器件性能的优越性。PBπn 器件和传统 p-n 结光伏器件 R_0A 值随温度变化的仿真结果对比如图 6.12（b）所示，在高温

($T > 200$ K)下，PBπn 器件的品质因子 R_0A 值比传统光伏器件要高出近两个量级。仿真结果表明，PBπn 结构能够有效增强器件的性能，特别是有望应用于高温工作器件。

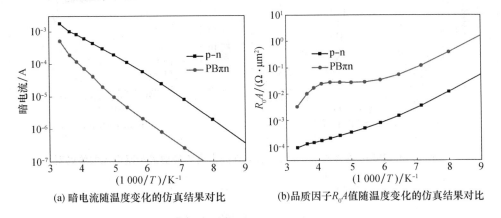

(a) 暗电流随温度变化的仿真结果对比　　(b) 品质因子 R_0A 值随温度变化的仿真结果对比

图 6.12　PBπn 器件与传统光伏器件暗电流和 R_0A 值随温度变化的结果对比

为了论证 PBπn 结构的可行性，采用 MBE 方法生长了 PBπn 型长波 HgCdTe 探测器，结构中长波 πn 结采用 B$^+$ 注入技术，掺杂浓度 $N_a \approx 8 \times 10^{15}$ cm^{-3}。每一层的组分和厚度与表格 6.2 数据一致。PBπn 型长波 HgCdTe 探测器在 77 K 时的实验光谱响应曲线如图 6.13（a）所示，与理论预测光谱响应曲线一致。此外，实验测量的 p-n 结长波光伏器件和 PBπn 型长波 HgCdTe 器件暗电流曲线对比如图 6.13（b）所示。PBπn 型长波 HgCdTe 器件展现了更小的暗电流特征，初步实验结果表明，基于能带工程的 PBπn 结构能够很好地应用于高性能长波 HgCdTe 红外探测器的制备。然而，值得注意的是，制备以俄歇抑制为特征的高温工作 HgCdTe 红外器件仍需进一步研究和改进材料生长工艺和器件制备工艺。具备最大可能扩散电流限的器件性能是制备高温工作 HgCdTe 红外器件的前提条件。

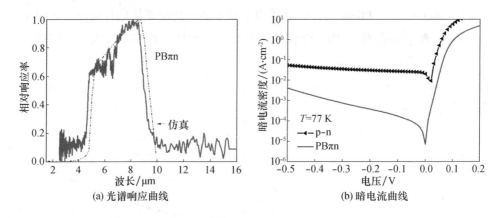

图6.13　PBπn器件与p-n结光伏器件的光谱响应曲线和暗电流曲线的对比

6.4　本章小结

本章介绍了长波$Hg_{1-x}Cd_xTe$（$x \approx 0.219$）器件的电学特性与微观机理，分析了长波阵列器件的表面漏电与非均匀性，并对影响长波器件性能的关键材料参数表面复合速率和陷阱浓度进行了提取。在此基础上，基于能带工程设计了PBπn型长波HgCdTe探测器，与传统p-n结光伏器件相比，PBπn结构能够显著提高红外探测性能，并有望应用于高温工作HgCdTe器件的制备。主要结论如下：

（1）设计了一系列不同光敏元尺寸的长波$Hg_{1-x}Cd_xTe$（$x \approx 0.219$）探测器，并采用CdTe/ZnS双层膜进行了表面钝化，实验测量得到了R_0A值随光敏元尺寸变化的关系曲线，发现该器件依然存在表面漏电流。通过变温实验，测量得到了同一芯片上不同光敏元的$1/R_0A - 1000/T$曲线，并给出了其中5[#]和7[#]典型光敏元在不同温度下的暗电流$I-V$特征曲线。通过建立与表面漏电以及隧穿机制相关的增强物理模型，并结合Sentaurus-TCAD软件，对长波HgCdTe探测器进行了数值模拟。对两个典型光敏元的变温$I-V$曲线进行了拟合，提取了该长波器件在80 K下表面复合速率$S_0 \approx 2.5 \times 10^4$ cm/s。分析认为，50 K 时器件的暗电流机制主要由陷阱辅助隧穿效应主导。光敏元之间材料陷阱浓度的差异是导致长波阵列器件非均匀性的主要原因，数值模拟提取出了该器件的陷阱浓度范围为 $1\times10^{13}\sim1\times10^{14}$ cm^{-3}。长波 HgCdTe 器件性能主要受限于表面漏电效应和与材料缺陷相关的陷阱辅助隧穿效应。

（2）基于能带工程设计了新型 PBπn 长波 HgCdTe 探测器，并与传统 p-n 结光伏器件性能进行了对比分析，结合数值模拟，对 PBπn 型器件的内在载流子输运机制进行深入研究。首先，采用渐变组分结构对器件的价带漂移 ΔE_v 进行消减优化。其次，对 PBπn 型器件和传统 p-n 结光伏器件进行了全面的对比分析，研究发现，PBπn 型器件具有较高的光谱响应率以及较低的漏电流。同时，$I-V$ 特征曲线的仿真结果显示，在高温下，PBπn 型器件存在反映俄歇抑制效应的负阻抗特征，表明了该器件具备高温工作的独特优势。最后，通过初步实验论证了 PBπn 结构的可行性，PBπn 型长波 HgCdTe 器件的实验光谱曲线与理论仿真结果吻合，且相比传统 p-n 结光伏器件，实验测量的 PBπn 型长波 HgCdTe 器件具有更低的暗电流和更高的整体性能。

参考文献

[1] ROGALSKI A, ANTOSZEWSKI J, FARAONE L. Third-generation infrared photodetector arrays[J]. Journal of Applied Physics, 2009, 105(9): 091101-1-091101-44.

[2] WANG J, CHEN X S, HU W D, et al. Amorphous HgCdTe infrared photoconductive detector with high detectivity above 200K[J]. Applied Physics Letters, 2011, 99(11): 113508-1-113508-3.

[3] HU W D, CHEN X S, YE Z H, et al. A hybrid surface passivation on HgCdTe long wave infrared detector with in-situ CdTe deposition and high-density Hydrogen plasma modification[J]. Applied Physics Letters, 2011, 99(9): 091101-1-091101-3.

[4] HU W D, CHEN X S, YIN F, et al. Analysis of temperature dependence of

dark current mechanisms for long-wavelength HgCdTe photovoltaic infrared detectors[J]. Journal of Applied Physics, 2009, 105(10): 104502-1 - 104502-8.

[5] YUE F Y, CHU J H, WU J, et al. Modulated photoluminescence of shallow levels in arsenic-doped $Hg_{1-x}Cd_xTe$ ($x \approx 0.3$) grown by molecular beam epitaxy[J]. Applied Physics Letters, 2008, 92: 121916-1 - 121916-3.

[6] JOZWIKOWSKI K, KOPYTKO M, ROGALSKI A, et al. Enhanced numerical analysis of current-voltage characteristics of long wavelength infrared n-on-p HgCdTe photodiodes[J]. Journal of Applied Physics, 2010, 108(7): 074519-1 - 074519-11.

[7] YUE F Y, WU J, CHU J H. Deep/shallow levels in arsenic-doped HgCdTe determined by modulated photoluminescence spectra[J]. Applied Physics Letters, 2008, 93(13): 131909-1 - 131909-3.

[8] HU W D, CHEN X S, YE Z H, et al. Accurate simulation of temperature-dependent of dark current in HgCdTe infrared detectors assisted by analytical modeling[J]. Journal of Electronic Materials, 2010, 39(7): 981-985.

[9] HU W D, CHEN X S, YE Z H, et al. Dependence of ion-implant-induced LBIC novel characteristic on excitation intensity for long-wavelength HgCdTe-based photovoltaic infrared detector pixel arrays[J]. IEEE Journal of Selected Topics in Quantum Electronics, 2013, 19(5): 1-7.

[10] 叶振华, 陈奕宇, 张鹏. 碲镉汞红外探测器的前沿技术综述[J]. 红外, 2014, 35(2): 1-8.

[11] D'ORSOGNA D, TOBIN S P, BELLOTTI E. Numerical analysis of a very long-wavelength HgCdTe pixel array for infrared detection[J]. Journal of Electronic Materials, 2008, 37(9): 1349-1355.

[12] 解晓辉, 廖清君, 杨勇斌, 等. HgCdTe 甚长波红外光伏器件的光电性能[J]. 红外与激光工程, 2013, 42(5): 1141-1145.

[13] GRAVRAND O, CHORIER P H. Status of very long infrared wave focal

plane array development at DEFIR[C]//Proceedings of SPIE, 2009, 7298: 729821.

[14] MARTYNIUK P, ANTOSZEWSKI J, MARTYNIUK M, et al. New concepts in infrared photodetector designs[J]. Applied Physics Reviews, 2014, 1(4): 041102.

[15] SAVICH G R, PEDRAZZANI J R, SIDOR D E, et al. Dark current filtering in unipolar barrier infrared detectors[J]. Applied Physics Letters, 2011, 99(12): 121112-1-121112-3.

[16] MARTYNIUK P, ROGALSKI A. Theoretical modelling of MWIR thermoelectrically cooled nBn HgCdTe detector[J]. Bulletin of the Polish Academy of Sciences: Technical Sciences, 2013, 61(1): 211-220.

[17] QIU W C, HU W D, LIN C, et al. Surface leakage current in 12.5 μm long-wavelength HgCdTe infrared photodiode arrays[J]. Optics Letters, 2016, 41(4): 828-831.

[18] MCLEVIGE W V, WILLIAMS G M, DEWAMES R E, et al. Variable-area diode data analysis of surface and bulk effects in MWIR HgCdTe/CdTe/sapphire photodetectors[J]. Semiconductor Science and Technology, 1993, 8(6): 946-952.

[19] WHITE A M. The influence of surface properties on minority carrier lifetime and sheet conductance in semiconductors[J]. Journal of Physics D: Applied Physics, 1981, 14(1): L1-L3.

[20] NISHINO H, OZAKI K, TANAKA M, et al. Acceptor level related Shockley-Read-Hall centers in p-HgCdTe[J]. Journal of Crystal Growth, 2000, 214: 275-279.

[21] QIU W C, JIANG T, CHENG X A. A bandgap-engineered HgCdTe PBπn long-wavelength infrared detector[J]. Journal of Applied Physics, 2015, 118(12): 124504-1-124504-5.

[22] AKHAVAN N D, JOLLEY G, UMANA-MEMBRENO G A, et al. Performance

modeling of bandgap engineered HgCdTe-based nBn infrared detectors[J]. IEEE Transactions on Electron Devices, 2014, 61(11): 3691 – 3698.

[23] 全知觉, 孙立忠, 叶振华, 等. 碲镉汞异质结能带结构的优化设计[J]. 物理学报, 2006, 55(7): 3611 – 3616.

[24] ITSUNO A M, PHILLIPS J D, VELICU S. Predicted performance improvement of auger-suppressed HgCdTe photodiodes and heterojunction detectors[J]. IEEE Transactions on Electron Devices, 2011, 58(2): 501 – 507.

第 7 章

表面等离子体激元场增强和高温工作红外探测技术

传统 HgCdTe 红外探测器的机构主要有光导型和光伏型。为了有效吸收入射光能量，探测器中光吸收层通常需要一定厚度（十几微米），不可避免地会增加与材料体积相关的器件暗电流。通过在红外探测器表面引入特殊的微腔结构，可以产生表面等离子体激元，将入射光能量束缚在局部区域，从而无须依赖较厚的吸收层就可以达到增强入射光吸收的目的，即表面等离子体激元增强光吸收技术。在获得相同入射光吸收率下，采用该技术能够使红外探测器的吸收层厚从十几微米减至不到一微米，从而有效减小器件暗电流，提高信噪比。不同微腔结构的构型和尺寸产生的表面等离子激元场将有所不同，可以根据需要改变微腔结构的周期和大小，从而获得对不同波长入射光的有效增强吸收。

同时，传统红外探测器在工作时极其依赖制冷设备，极大地降低了系统的稳定性和可靠性，并提高了制备成本，难以广泛应用于民用领域，限制了其发展与应用。因此，提高红外探测系统的工作温度，使其在室温下工作，是红外探测器的重要发展方向之一。目前，高温工作红外探测技术的发展主要有两条主线：一是传统 HgCdTe、InSb、InGaAs 等红外材料，针对红外探测器结构设计特殊的能带势垒，可以有效地抑制器件随着工作温度上升而急剧增大的俄歇复合暗电流，从而提高器件高温工作性能；二是新型二维半导体材料，二维材料的量子尺寸效应使其电子态密度明显异于体材料，载流子输运和光学跃迁等物理行为具有量子限制，从而产生许多新颖的物理性质和效应，有可能打破传统光电技术中的诸多限制，为光电器件带来更高的响应带宽、更快的响应速度及更高的工作温度。

7.1 表面等离子体激元场增强红外光吸收

7.1.1 表面等离子体激元简介

表面等离激元研究最早可追溯到1902年Wood[1]发现的金属光栅异常光反射特性，即反射出现了一系列明暗条纹。直至1957年，Ritchie[2]第一次在理论上提出了当电子沿着金属薄膜传输时，在金属界面附近存在电子纵向波动，预言了基于电子集体振荡的表面等离子激元。随后，Powell 和 Swan[3]采用电子轰击金属薄膜方法从实验上证实了金属薄膜存在表面等离子激元。

当光波入射到金属与电介质界面时，金属表面处自由电子产生集体振荡。入射光波与振荡电子耦合，形成沿着金属表面传输的近场电磁波。当自由电子集体振荡频率与入射光频率相同时，两者产生共振效应。在该共振模式下，大部分入射光能量被转变为自由电子的集体振动能，形成一种特殊的电磁传播模式。入射光被局限在金属表面，并在某些局域发生增强效应，被称为表面等离子体激元现象。通常，表面等离子体激元具有以下基本性质：①垂直于界面传输方向的电磁场呈指数衰减；②具有突破衍射极限能力；③具备强的局域电磁场增强效应；④传输界面两侧的介电参数实部符号需相反。

第7章
表面等离子体激元场增强和高温工作红外探测技术

随着信息技术的发展,对器件微型化、高度集成化和高探测性能的要求越来越高。表面等离子体激元具有突破衍射极限能力,以及强的局域场增强效应等优势,在纳米尺度光信息传输与处理、高灵敏传感和新型光源等领域获得了广泛的应用。表面等离子体激元在金属平板与电介质表面的传输示意图如图7.1所示,界面下方($z<0$)为金属,上方($z>0$)为电介质。当光波入射至界面时,入射光波与金属表面自由电子相互作用,引起电荷密度的波动分布,导致自由电子的集体振荡行为,从而在界面处产生沿着金属表面传输的等离子体激元,而入射光波在垂直界面方向上以指数形式快速衰减。

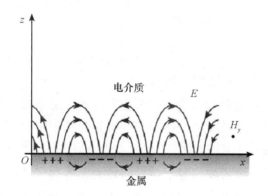

图7.1 金属-电介质界面表面等离子体激元传输示意图[4]

金属表面等离子体激元是电子集体振荡和光波电磁振荡的耦合模式。根据麦克斯韦方程组,金属区域电磁场可以表示为[5]:

$$E_x(z) = -iH_1 \frac{1}{\omega\varepsilon_0\varepsilon_{\text{metal}}} k_1 e^{i\beta x + k_1 z} \qquad (7.1)$$

$$E_z(z) = -H_1 \frac{\beta}{\omega\varepsilon_0\varepsilon_{\text{metal}}} e^{i\beta x + k_1 z} \qquad (7.2)$$

$$H_y(z) = H_1 e^{i\beta x + k_1 z} \qquad (7.3)$$

电介质区域电磁场可以表示为[5]:

$$E_x(z) = iH_2 \frac{1}{\omega\varepsilon_0\varepsilon_{\text{d}}} k_2 e^{i\beta x - k_2 z} \qquad (7.4)$$

$$E_z(z) = -H_2 \frac{\beta}{\omega\varepsilon_0\varepsilon_{\text{d}}} e^{i\beta x - k_2 z} \qquad (7.5)$$

$$H_y(z) = H_2 e^{i\beta x - k_2 z} \tag{7.6}$$

式中：ε_0 为真空介电常数；ε_d 和 ε_{metal} 分别为电介质材料和金属相对介电常数；k_1 和 k_2 分别为金属和电介质中沿 z 轴电磁传播系数；H_1 与 H_2 分别为金属层和电介质层中电磁波磁场分量振幅。

电磁场在界面处的连续边界条件为[5]：

$$H_1 = H_2 k_1 / k_2 = -\frac{k_{metal}}{k_d} \tag{7.7}$$

联立以上方程，可以求解得到金属与电介质界面表面等离子体激光的色散关系[5]：

$$\beta = k_0 \sqrt{\frac{\varepsilon_{metal} \cdot \varepsilon_d}{\varepsilon_{metal} + \varepsilon_d}} \tag{7.8}$$

式中：k_0 为电磁波在真空中的波矢。依据公式（7.8），给出了金属 - 电介质界面等离子体激元的色散关系，如图 7.2 所示。附近被增强的局域电磁场分量在垂直于界面方向与距离呈指数衰减关系。从图中可以看出，等离子激元电磁场分量在垂直于界面方向沿 z 轴呈指数衰减，即入射光波被束缚在金属表面。考虑到入射光波的波矢通常与界面处表面等离子体激元波矢不相等，所以入射光波照射到金属表面时并不能直接激发表面等离子体激元，这需要增加额外的水平波矢，以满足波矢匹配的条件，才能产生表面等离子激元。

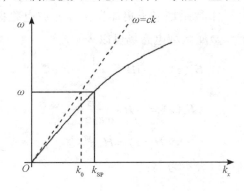

图 7.2　金属 - 电介质界面等离子体激元色散关系曲线[5]

常用的产生表面等离子激元方法有光栅耦合、棱镜耦合、近场激发等。

光栅耦合是利用光栅周期性结构提供额外的波矢补偿进行波矢匹配；棱镜耦合是利用棱镜折射提供波矢补偿，全反射时入射光会沿着界面产生隐失波，以此与等离子体激元进行波矢补偿；近场激发利用近场探针尖端空间尺寸小的特点，使得针尖发出的光波包含了能够与表面等离子体激元波矢匹配的分量，从而激发出表面等离子体激元。

其中，采用先进微纳加工技术制备特殊金属光栅结构，利用金属表面等离子体激元强的局域电磁场增强效应，将入射金属界面附近光波能量汇聚到局限区域，能够极大增加光吸收或提高宽带响应性能，成为改进红外探测器响应性能的重要手段之一[6-8]。为了满足波矢匹配，需要在介质和金属界面设置一定的人工微结构。一旦该耦合模式被激发，其横向传播波矢比空气（或介质）中波矢要大，且在某些特殊点上存在较大的等效折射率，因此表面等离子体激元传播速度几乎为零，光场完全被局域在界面附近。这种表面等离子体激元对于光场的局域调制效应，可以提高光场的强度以及光与介质的相互作用时间，从而增大探测器的灵敏度和响应率。同时，由于表面等离子体激元对光场的束缚增强效应，可以大大减小探测器有效探测面积或体积，进而降低器件暗电流和相关噪声，提高信噪比。

表面等离子体场增强红外探测器包含产生表面等离子体激元的亚波长光学微腔结构和红外探测结构。用于表面等离子体激元的亚波长光学微腔结构，主要包括金属光栅、平面金属波导、纳米金属颗粒、孔状周期结构等[9]，均能提供额外的波矢补偿进行波矢匹配以满足表面等离子体激元的产生条件。目前，通过优化金属光栅的周期、占空比等结构参数，在金属光栅与红外探测器界面获得理想的表面等离子体激元场，可以提高红外探测器的光吸收效率30%~60%[10-11]。

7.1.2 金属光栅表面等离子体激元场增强红外探测技术

南洋理工大学张道华等通过在采用特殊金属光栅结构的光导型 InAsSb/GaSb 异质结红外探测器表面引入金属光栅结构，利用金属光栅耦合激发的表面等离子体激元束缚入射光能量,增强光吸收。在 InAsSb/GaSb 异质结红外探测器光入射表面引入亚波长二维孔阵列(2DHA)金属光栅结构,如图 7.3 所示。t 为金属光栅厚度,p 和 d 分别为孔阵列周期和孔直径。采用 FDTD 软件模拟分析了金属光栅结构参数对器件光吸收的影响。

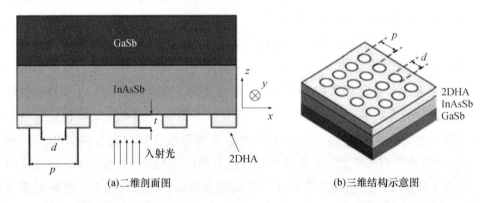

图 7.3 孔阵列金属光栅 InAsSb/GaSb 红外器件二维剖面和三维结构示意图[12]

固定孔直径 $d = 0.46~\mu m$,厚度 $t = 20~nm$ 时,沿 x 轴极化光波垂直正入射器件表面,光学透射谱随金属栅周期 p 变化的 FDTD 光学模拟结果如图 7.4(a)所示。从图中可以看出,当光栅周期从 $0.72~\mu m$ 上升至 $1.12~\mu m$ 时,器件吸收峰向长波方向移动,且峰位的变化值与光栅周期呈线性关系。固定 $p = 0.92~\mu m$,$t = 20~nm$ 时,光学透射谱随孔直径 d 变化的 FDTD 光学模拟结果如

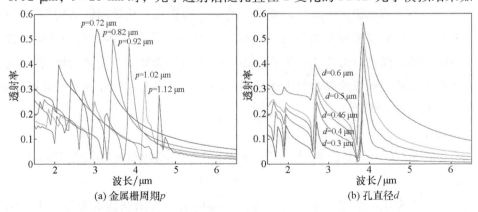

图 7.4 光透射谱随金属栅周期 p 和孔直径 d 变化的 FDTD 光学模拟结果[12]

第7章
表面等离子体激元场增强和高温工作红外探测技术

图7.4（b）所示。从图中可以发现，不同孔直径下透射峰波长位置几乎不变，同时主共振峰相对值随着孔直径的增大而增大。

为了评估亚波长金属孔阵列光栅对光有效透射率的影响，优化器件对光的吸收性能，定义有效透射率 η 来进行评价，其表达式为[12]：

$$\eta = \frac{T}{T_0 \cdot F} \quad (7.9)$$

式中：T 为有金属光栅时透射率；T_0 为没有金属光栅时光穿越衬底透射率；F 为孔阵列填充因子。有效透射率 η 随金属光栅周期和孔直径的变化规律如图7.5所示。从图中可以发现，当金属光栅周期优化值 $p = 0.92$ μm，孔直径优化值 $d = 0.46$ μm时，有效透射率 η 达到峰值。

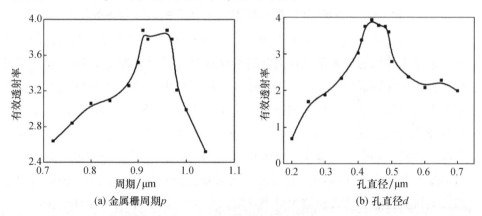

图7.5 有效透射率 η 随金属光栅周期和孔直径的变化规律[12]

表面等离子体激元场增强在量子阱红外探测器、nBn 势垒器件等也具有广泛应用[13-14]。新墨西哥大学 Chang 等[13]设计了表面等离子体激元场增强 InAs 量子点红外探测器。利用表面等离子激元与 InAs 量子点的强相互作用，极大增强了器件红外探测能力。整体器件二维剖面结构如图7.6（a）所示，器件上表面金属光栅光学显微图如图7.6（b）所示，其中放大区域孔阵列扫描电镜图如图7.6（c）所示。在 $In_{0.15}Ga_{0.85}As$ 层中内嵌 30 个周期的 InAs 量子点层。InAs 量子点层厚度 2 μm，可进行 $\lambda = 5$ μm 和 $\lambda = 9$ μm 双波段红外探测。采用标准的光刻和金属剥离微纳工艺制备金属光栅，该光栅结构具有六角晶格对称性，为了匹配仿真结果，晶格常数 a 为 2.8～3.2 μm，孔的直径 d 为 1.0～1.6 μm。

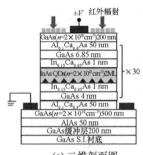
(a) 二维剖面图

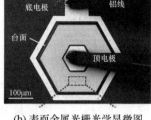
(b) 表面金属光栅光学显微图

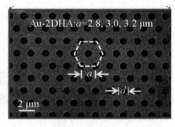
(c) 放大区域孔阵列图

图 7.6 表面等离子体激元场增强 InAs 量子点红外探测器结构[14]

为了对比研究金属光栅表面等离子体激元场增强对器件光响应性能的影响，采用黑体辐射源和单色仪组合测量设备对有无金属光栅 InAs 量子点红外探测器光响应谱进行了测量。不同晶格常数下有无金属光栅 InAs 量子点红外探测器的光响应谱对比结果如图 7.7 所示。当 $a = 2.8$ μm 时，器件量子点红外探测光响应谱在 $\lambda = 5.45$ μm 和 $\lambda = 8.8$ μm 处出现峰值，而金属光栅表面等离子体激元的引入导致光响应谱在 $\lambda = 7.8$ μm 处形成一个弱耦合峰。该耦合峰随着光栅周期 a 的增大而增大，同时峰位朝长波方向移动，表明等离子激元共振波长随 a 增大而增大。当 a 增大至 3.2 μm 时，等离子体共振波长与吸收峰波长完美匹配，等离子体激元与 InAs 量子点相互作用最强，吸收峰 $\lambda = 8.8$ μm 处光响应提高了 65%。晶格常数 $a = 3.2$ μm，改变孔直径 d 大小，研究金属光栅对 InAs 量子点红外探测器光透射率的影响，如图 7.8 所示。当孔直径 d 从 1.1 μm 变化至 1.6 μm 时，器件透射率从 7.5% 升高到 44%。当 $d = 1.6$ μm 时，器件响应率增强了 130%。

第 7 章
表面等离子体激元场增强和高温工作红外探测技术

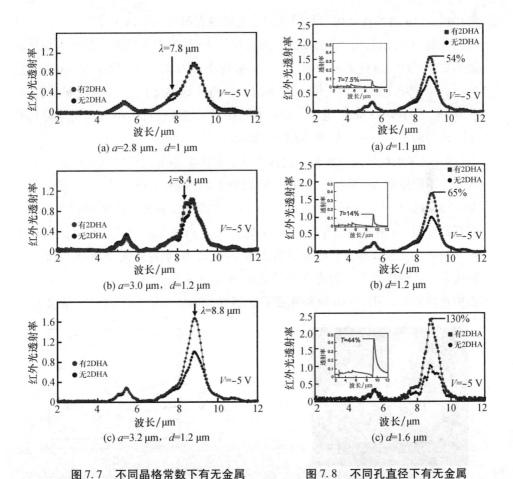

图 7.7　不同晶格常数下有无金属
光栅 InAs 量子点红外探测器的
光响应谱对比结果[14]

图 7.8　不同孔直径下有无金属
光栅 InAs 量子点红外探测器的
光响应谱对比结果[14]

由于表面等离子体激元在增强二维光电探测器性能方面优势明显，且二维材料具有诸多优异的物理和化学性质，已经被广泛用来制备高性能光电探测器，但是二维材料厚度在原子层量级，严重地限制了其对光的吸收率，已经成为影响其光响应性能进一步提高的主要因素之一。采用表面等离子体激元场增强技术，使得光电磁场被局限在金属表面很小的范围内并发生增强，为解决这一问题提供了很好的技术途径。2015 年，Miao 等[15]在 MoS_2 光晶体管中引入 Au 纳米点结构，利用其产生的局域表面等离子体激元效应，使得器件的光响应电流得到了成倍提高。表面覆盖 Au 纳米点光栅的光晶体管结构示意图如图 7.9（a）所示。在 Si/SiO$_2$ 基片上机械转移厚度约 4.5 nm 少层 MoS$_2$，采用电子束光刻、热蒸镀金属、剥离等标准微纳工艺流程制备源/漏（Cr/Au，10 nm/40 nm）电极。同时采用相同工艺流程直接在 MoS$_2$ 光电晶体管上表面制备 1~4 nm 厚周期 Au 纳米颗粒。

Au 纳米颗粒作为亚波长散射源，其表面产生的等离子体激元能够改善光吸收。不同厚度 Au 颗粒下器件光吸收谱的变化曲线如图 7.9（b）所示。当 Au 纳米颗粒厚度从 1 nm 增加到 4 nm 时，等离子体共振峰逐渐增强并出现红移现象。当 Au 纳米颗粒厚度为 4 nm 时，在 λ = 680 nm 处呈现最大的等离子体共振增强光吸收峰，吸收率约为 24%。有无 Au 颗粒光栅下 MoS$_2$ 光晶体管响应光电流随栅压和入射光功率的测量曲线如图 7.9（c）和（d）所示。从图中可以发现，引入 Au 颗粒光栅后，器件光响应率提高了两倍，结果表明

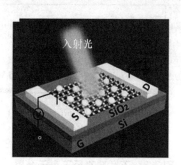

(a) Au 纳米点光栅晶体管结构

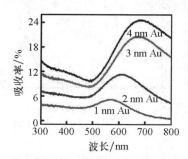

(b) 不同 Au 颗粒厚度下光吸收谱

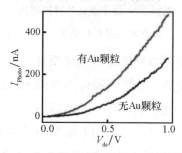

(c) 有无光栅下光电流随栅压变化曲线

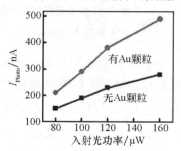

(d) 有无光栅下光电流随入射光功率变化曲线

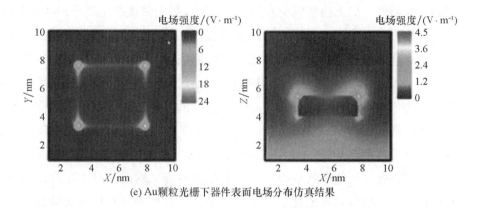

(e) Au 颗粒光栅下器件表面电场分布仿真结果

图 7.9　Au 颗粒光栅下 MoS$_2$ 光晶体管结构和光电性能仿真与测试结果[15]

Au 颗粒光栅产生的表面等离子体激元对器件光响应性能具有较大的增强效果。Au 颗粒光栅下器件表面电场分布仿真结果如图 7.9（e）所示。在仿真中，Au 纳米颗粒光栅设置为宽 160 nm、长 180 nm、厚度 50 nm、周期 300 nm。从图中可以发现，由于表面等离子体激元作用，Au 颗粒间隙处存在强电场分布，光能量被局限在金颗粒间隙处并得到增强，这是 Au 颗粒光栅 MoS$_2$ 光晶体管光响应性能得到增强的主要原因。

7.2　高温工作红外探测器研究

7.2.1　高温工作红外探测器简介

探测器能够在高温工作，意味着可以极大地减少体积、功耗和成本，可广泛应用于军事和民用领域，包括单个士兵设备、自动驾驶、侦察系统等。因此，研究人员一直致力于非致冷光伏和光导红外技术的发展，如已经商业化的大阵列 InGaAs/InP 二极管、InAsSb 势垒和高温工作 HgCdTe 等红外焦平面器件。随后，发展了量子级联光电探测器。最近，发展了基于二维材料的室温红外器件，如无晶格应变的多层异质结、易于集成的光波导和电子光栅。

相比可见光探测，红外探测技术具有更好的环境适应性、更强的抗干扰能力和更高的分辨能力等优点。尤其在夜间或恶劣天气情况下，可以实现信息的安全传输和伪装目标的准确识别，因而红外探技术广泛应用于军事、国防、生物科学等重大领域。红外光探测技术的发展过程，经历了响应波长从近红外向甚长波发展，成像从单一像素扩大到上千万像素，工作温度从低温逐步向室温发展。目前，远程红外成像的噪声等价温差（NETD）可以达到 10 mK 或更低，红外探测系统集成度也越来越高。然而，由于制冷设备体积和质量较大，使得系统能耗急剧上升，系统稳定性和可靠性大大降低，高性能红外探测器依然很难广泛应用于民用领域。因此，提高红外探测系统的工作温度，降低对制冷设备的依赖性和延长器件使用寿命，是红外探测器的重要发展方向。

室温工作红外探测器按照原理可以分为红外热电探测器和红外光子探测器[16]。红外热电探测器是利用红外辐射引起材料温度上升，产生各种物理效应，包括热电堆、热辐射计和热电探测器等。红外光子探测器是利用光电效应将半导体材料吸收的光子转换成电信号，主要分为光电导探测器和光伏探测器两种类型，典型有 Si、InGaAs、HgCdTe 器件。热电探测器的极限性能 $D = 1 \times 10^{10}\ cm \cdot Hz^{0.5} \cdot W^{-1}$，极大限制了所有热电探测器的室温工作能力。红外光子探测器在短波、中红外和长波红外范围室温探测能力都比红外热电探测器强。同时，典型的红外热电探测器响应时间在毫秒量级，远慢于红外光子探测器。因此，红外光子探测器理论上具有较高探测极限性能和较快响应速率，高性能、低成本的红外光子探测器成为发展室温红外技术的主要方向。

为了提高红外探测器的工作温度，一种方法是基于能带工程通过结构设计阻止多数载流子输运抑制暗电流，同时允许少数载流子输运实现高效光子检测，即势垒结构红外探测器。nBn 结构是势垒红外探测器的典型结构，在吸收层和接触层之间插入势垒阻挡层，可以有效地降低吸收层 SRH 暗电流，同时通过减小吸收层掺杂浓度，进一步抑制俄歇复合暗电流，提高器件高温工作性能。另外，量子级联探测器和新型二维红外材料的兴起也为室温工作红外探测技术的发展提供了重要途径。

7.2.2 InAsSb/InGaAs nBn 型高温红外探测器

基于 nBn 结构的 InAsSb、InGaAs、InAs 等高温红外探测技术发展迅速，已经在技术上得到突破，工作温度可达 150 K 以上。法国 Sofradir 公司、新墨西哥大学、美国西北大学等诸多研究机构在 InAsSb、InGaAs、InAs 等材料体系开展了 nBn 结构设计研究，并取得了出色的成果[17]。

Savich 等[18]研究并优化了 InAs 势垒器件的结构设计，nBn 型 InAs 红外器件的能带结构图和载流子输运过程如图 7.10 所示。势垒层的引入，有效阻挡了多子和表面暗电流，但并不影响正常的光生电子-空穴对的分离和输运。

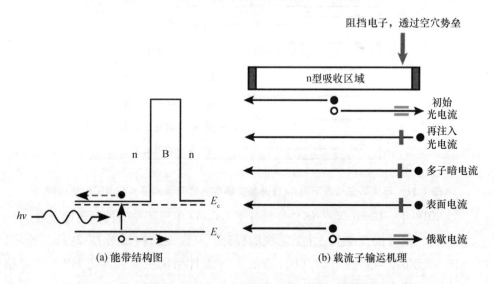

图 7.10　nBn 型 InAs 红外器件能带结构图和载流子输运过程[18]

通过对 InAs 光伏器件的势垒位置和掺杂分布进行合理设计，可以对更多暗电流成分进行有效抑制，同时又不影响光电流的传输和光响应率。势垒位置分别位于 p-n 结两侧时的能带结构图和载流子输运过程如图 7.11 所示。当势垒位置位于 p 区时，只能有效阻挡来自 p 区表面漏电流；而当势垒位置靠近p-n结的n区时,不仅可以阻挡p区表面漏电流,还可以有效阻挡来自耗尽区的产生-复合、陷阱辅助隧穿、带带隧穿等暗电流,有力提高势垒器件的工作性能。

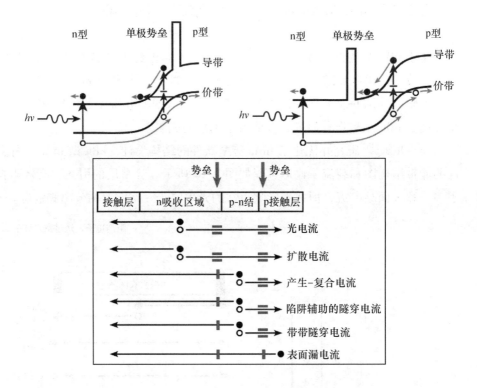

图7.11 不同势垒位置下InAs红外势垒器件的能带结构图和载流子输运过程[18]

2018年,Uzgur等[19]研究并设计了InGaAs单极势垒器件,相比普通p-n结结构,信噪比获得了一个数量级的提升。其模型结构如图7.12(a)所示,相应的能带结构如图7.12(b)所示[20]。器件结构主要包含与InP衬底晶格匹配的InGaAs吸收层($N_d = 5 \times 10^{16}$ cm^{-3})、组分线性变化的过渡层(无掺杂)、高禁带宽度势垒层(无掺杂)、双极性掺杂层($N_d = N_a = 5 \times 10^{16}$ cm^{-3})和接触层($N_d = 6 \times 10^{16}$ cm^{-3})。过渡层和双极性掺杂层的作用主要是平衡价带的不连续性[21-23]。从能带图可以看出,势垒层两侧接触处几乎没有耗尽区和能带弯曲。

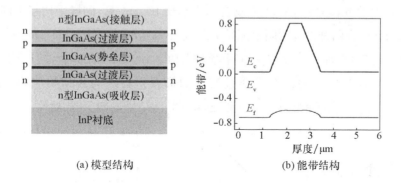

(a) 模型结构　　　　　　　　　(b) 能带结构

图 7.12　nBn 型 InGaAs 势垒器件结构和能带分布[19]

单极 nBn 型 InGaAs 势垒器件的主要目的是在不影响光电流的情况下，降低暗电流成分。为了进行对比研究，将 nBn 型 InGaAs 势垒器件和传统 InP/InGaAs p-n 器件在相同参数条件下进行模拟仿真。器件物理模型以漂移-扩散、泊松方程和载流子连续性方程为基础，暗电流机制主要包含 SRH、俄歇和表面复合电流，低掺杂和低偏压器件中隧穿电流可忽略不计。

俄歇复合率表达式为：

$$R_{\text{Auger}} = (B_n \cdot n + B_p \cdot p)(np - n_i^2) \tag{7.10}$$

式中：B_n 和 B_p 分别为电子和空穴的俄歇复合系数，可以从俄歇复合寿命 8.1×10^{-29} cm³/s 进行提取[24]。

SRH 复合率的表达式为：

$$R_{\text{SRH}} = \frac{np - n_i^2}{\tau_p (n + n_1) + \tau_n (p + p_1)} \tag{7.11}$$

在仿真中，假设式 (7.11) 中的电子和空穴寿命相同。同时，载流子浓度 n_1 和 p_1 等于 n_i，即陷阱能级位于禁带中心。而在实际中，载流子 SRH 寿命与陷阱浓度、捕获截面等参数相关，在高质量 $\text{In}_{0.53}\text{Ga}_{0.47}\text{As}$ 薄膜中，能够达到微秒量级，仿真中采用不同 SRH 寿命来模拟真实情况。表面漏电流采用表面复合速率来进行模拟，其表达式如下：

$$R_{\text{SRH}} = \frac{np - n_i^2}{(n + n_1)/S_0 + (p + p_1)/S_0} \tag{7.12}$$

典型的 $In_{0.53}Ga_{0.47}As$ 表面复合速率小于 10^6 cm/s，同样采用了不同复合速率来对比研究两种器件的暗电流特征。$In_{0.53}Ga_{0.47}As$ 薄膜对 1.55 μm 波长光的吸收系数为 7 000 cm^{-1}[25]。光模拟中激光光功率为 0.01 W/cm^2，波长为 1.55 μm，平行于外延结构入射，然后通过波长扫描获得器件的光谱响应率。p-n 和 nBn 型 $In_{0.53}Ga_{0.47}As$ 器件的光电性能仿真对比结果如图 7.13 所示。

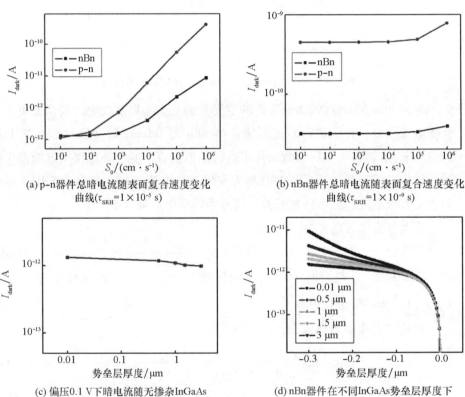

(a) p-n器件总暗电流随表面复合速度变化曲线($\tau_{SRH}=1\times10^{-5}$ s)

(b) nBn器件总暗电流随表面复合速度变化曲线($\tau_{SRH}=1\times10^{-9}$ s)

(c) 偏压0.1 V下暗电流随无掺杂InGaAs势垒层厚度的变化曲线

(d) nBn器件在不同InGaAs势垒层厚度下电流-电压曲线

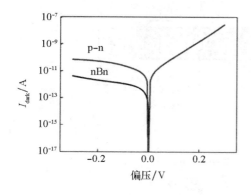
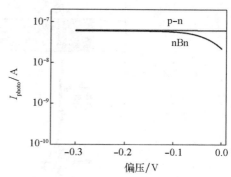

(e) p-n 器件暗电流和光电流随偏压变化曲线

(f) nBn 器件暗电流和光电流随偏压变化曲线，（势垒厚度为500 nm，表面复合速率为 4.5×10^4 cm/s，$\tau_{SRH}=4.74\times 10^{-5}$ s）

图 7.13 p-n 和 nBn 型 $In_{0.53}Ga_{0.47}As$ 器件的光电性能仿真对比结果[19]

从图 7.13 中可以看出，与传统的 p-n 结 $In_{0.53}Ga_{0.47}As$ 器件相比，nBn 型 $In_{0.53}Ga_{0.47}As$ 器件的暗电流更低，同时又不影响光电流的有效输运，大大提高了器件的光响应性能。

7.2.3 HgCdTe NBνN 型高温红外探测器

Itsuno 等[26]设计了一种基于 NBνN 势垒结构俄歇抑制的 HgCdTe 红外探测器，如图 7.14 所示。NBνN 势垒结构由四层组成，包括顶层（N_1^+）、势垒层（B）、吸收层（ν）和底层（N_2^+）。B/ν 层界面的导带势垒（ΔE_c）能够阻挡 N_1^+ 层多子（电子）向 ν 吸收层运动，起到降低暗电流的作用，同时又不影响 ν 吸收层中光生载流子的收集。在零偏压下，B/ν 层界面高的价带势垒（ΔE_v）会阻挡 ν 吸收层光生空穴的收集。因此，为了削弱 ΔE_v，器件需要工作在负偏压下（N_1^+ 层加负电压），N_1^+/B 层界面能带发生反转，使少子空穴能够畅通传输。零偏压和负偏压下 NBνN 势垒器件的能带结构对比结果如图 7.15所示，偏压大于 450 mV，才能使得器件正常工作。

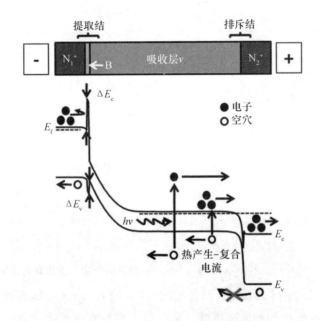

图7.14 NBνN型HgCdTeS势垒器件结构和载流子输运过程[26]

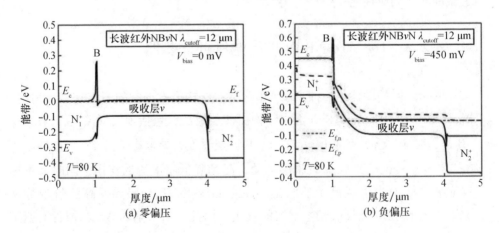

图7.15 NBνN型HgCdTeS势垒器件在不同偏压下的能带结构图[26]

在一定偏压下，吸收层热激发电子被有效排出。随着偏压的进一步上升，吸收层的空穴浓度难以从重掺杂的N_2^+层获得补充，也将进一步被排出。为维持电中性平衡，应使吸收层的载流子浓度低于其热平衡本征载流子浓度值，

第7章 表面等离子体激元场增强和高温工作红外探测技术

从而有效抑制温度上升所导致的热激发俄歇产生－复合暗电流，使器件能够在更高温度下有效工作。器件物理模型以漂移－扩散、泊松方程和载流子连续性方程为基础，稳态漂移扩散方程中主要考虑俄歇、SRH 和辐射产生－复合过程，详见第 2 章数值仿真。模拟参数如表 7.1 所示。

表 7.1　NBνN 型 $Hg_{1-x}Cd_xTe$ LWIR（$\lambda_c = 12~\mu m$）器件仿真参数[26]

层	厚度/μm	Cd 组分	掺杂浓度/cm^{-3}	E_{trap}	SRH 寿命/μs	$F_1 F_2$
顶层（N_1^+）	1	$x_{N_1^+} = x_{abs} + 0.1$	5×10^{15}	$0.25 E_g$	10	0.3
势垒层（B）	50	$x_B = 0.45$	7×10^{14}	—	1	—
吸收层（ν）	3	x_{abs}（由 λ_c 推导）	7×10^{14}	—	—	—
底层（N_2^+）	1	$x_{N_2^+} = x_{abs} + 0.1$	7×10^{17}	—	—	—

当偏压 $V_{bias} = -450~mV$、温度 $T = 145~K$ 时，器件吸收层中载流子浓度分布如图 7.16（a）所示。从图中可以发现，在偏压作用下，器件吸收层中电子和空穴浓度均低于该温度下本征载流子浓度，表明该器件能够有效降低热激发载流子浓度，从而抑制相关暗电流。不同温度下器件的暗电流仿真曲线如图 7.16（b）所示。随着温度的上升，由于热激发，材料本征载流子浓度急剧上升，导致俄歇暗电流急剧增大，并逐渐成为器件的主导暗电流。器件 I–V

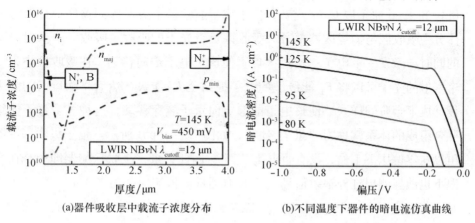

(a) 器件吸收层中载流子浓度分布　　(b) 不同温度下器件的暗电流仿真曲线

图 7.16　器件载流子浓度分布与不同温度下的暗电流仿真曲线[26]

特征曲线在高温145 K时表现出了负阻抗特征,即随着偏压的增大电流反而降低,结果表明该器件呈现俄歇抑制效应。

势垒器件俄歇抑制效应的强弱,与吸收层材料禁带宽度和工作温度息息相关,通常吸收层禁带宽度越窄,温度越高,俄歇抑制效应越明显。

7.2.4 量子级联红外探测器

20世纪初,研究人员提出了量子级联探测器(quantum cascade detector, QCD),是一种采用人工结构的晶体材料制备而成的新型光电探测器。量子级联探测器通常由两种禁带宽度不同的半导体材料交替生长而成,通过能带工程将材料的导带设计成量子阱结构,其探测波长主要受到势垒高度的限制,可覆盖红外至太赫兹波段。根据量子力学原理,能级会被束缚在量子阱之内,通过量子阱宽度、高度可以在量子阱内存在各式各样的能级分布。

2017年,Huang等[27]设计了亚单层量子级联中波红外探测器,其结构示意图如图7.17(a)所示。采用MBE方法在GaAs衬底上生长20个周期量子级联结构,以增强光吸收。中波红外吸收层,即亚单层InAs/GaAs量子阱被夹在两层GaAs层(厚度1 nm)之间。InAs/GaAs量子阱层由0.57原子层InAs和2.26原子层GaAs交替5次组成。通常量子级联探测器能级分布可大体分为吸收区与输运区两部分。吸收区负责光子的吸收,吸收一个入射光子的同时,激发一个电子;输运区负责使这个电子定向移动。在吸收区中,一个入射的光子可以将E_1能级上的电子提高至E_7能级,然后将输运区的能级设计成下台阶的样式,使该电子能够定向量子隧穿移动,这种多个量子能级联合组成的体系就称为"量子级联",如图7.17(b)所示。量子级联探测器可以在零偏压下工作,没有暗电流[28-29]。因此,量子级联探测器即使是在室温下也能探测出红外辐射信号。77 K时器件峰值响应率为1.9 mA/W,130 K时峰值响应率为0.089 mA/W,性能高于传统结构量子阱级联红外探测器,如图7.17(c)所示[30]。

如今,量子级联探测器面临光吸收效率低和电子逃逸效率低的问

(a) 量子级联中波红外探测器结构示意图

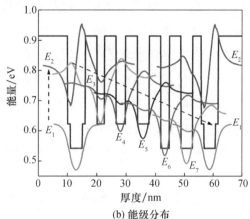
(b) 能级分布

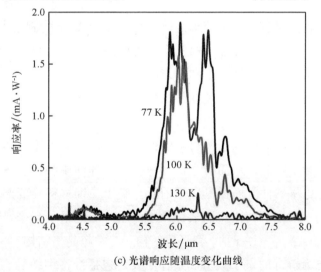
(c) 光谱响应随温度变化曲线

图 7.17　亚单层量子级联中波红外探测器[27]

题[31-32]。从图 7.17（b）中可以看出，只有 1# 量子阱可以吸收红外光子，而这个特定层的厚度远远低于光波穿透深度，因此光吸收率较低。为了解决这个问题，需要设计多个量子级联结构才可以有效增强光吸收率[28-29]。电子逃逸效率低与光生载流子的背向输运密切相关[32-33]。光激活电子向前通过隧穿

进入 $2^{\#}$ 量子阱,然而,该过程通常也伴随一个背向输运过程,即电子通过隧穿又回到原先的 $1^{\#}$ 量子阱,随后回到基态。背向输运过程形成负的光电流,从而降低了光生载流子的整体收集效率[31]。随着量子级联数的增加,器件内部量子效率将有所降低[31]。因此,在光吸收率和载流子收集率之间需要均衡考虑。通过优化能级分布,Dougakiuchi 等[32] 设计的量子级联探测器 300K 时中波红外响应率达到了 22 mA/W,探测能力达到 $8.0\times10^{7}\mathrm{cm}\cdot\mathrm{Hz}^{0.5}\cdot\mathrm{W}^{-1}$。基于种种优点,量子级联探测器成为微光探测、卫星遥感、星地高速激光通信以及高对比度红外成像等应用领域中极具前景的红外探测器件之一。

7.2.5 基于二维材料的室温红外探测器

二维材料(又称为二维原子晶体材料)是指在两个维度上原子排列、尺度、键强等相近,而明显强于第三个维度的一类新型材料。当纳米材料和结构的尺寸在某一个空间维度上和费米波长相比拟时,电子在受限方向运动受到边界的散射,不能被看成处在外场中运动的经典粒子,费米面附近的电子能级态密度由准连续变为分立的量子化能级。量子尺寸效应使低维体系的电子态密度表现出明显区别于体材料的低维特征,载流子输运和光学跃迁等物理行为具有量子限制,从而产生许多新颖的物理性质和效应,在新型电子输运器件和光电子器件方面极具应用前景。基于二维材料的范德华异质结构是指将不同的二维原子晶体按照某种顺序一层一层地组装起来,形成的独特结构(如 p-n 结、p-i-n 结、量子阱结构、二类超晶格结构)。范德华异质结构表现出更为新奇的量子效应和集体激发,包括维格纳结晶、近邻效应、巡回磁性等。例如,石墨烯在六方氮化硼(h-BN)上形成的二维超晶格可以调控石墨烯的能带结构,形成附加的狄拉克点,进而为探索新奇的物理现象提供有效手段。范德华异质结构的构建有望为二维材料的科学研究和器件应用提供全新的思路。

二维材料的范德华异质结构在光电方面的独特性质,有可能打破传统光电技术中的诸多限制,为光电器件带来更高的响应带宽、更快的响应速度及

第7章
表面等离子体激元场增强和高温工作红外探测技术

更高的光谱响应度,可以用来制作光电探测器、调制器、透明柔性电极、触摸屏、超快激光器、太阳能电池等新型光电子器件,在超光谱探测、光电制导、光通信、光互连、精密测距等信息化武器装备方面均有着潜在的应用前景。特别是二维材料范德华异质结构还有可能实现等离激元、纳米光子器件和光电集成。这些重要的特性使得二维材料范德华异质结构在未来高速率低能耗光电子器件等领域具有广阔的研究前景。

黑磷(BP)是其中一种理想的红外光敏材料[34]。Bullock等[35]构建了范德华垂直异质结BP/MoS_2红外光电探测器,如图7.18所示。将n型MoS_2薄膜(10~20 nm)作为中波红外传输窗口,并充当电子收集电极。空穴则被Au电极收集,后者同时充当中波红外的背反射器。BP/MoS_2界面形成非对称的能带偏移(导带势垒)。TEM表征可以明显看出BP和MoS_2分层,原子层厚分别为5.5 Å和6 Å。两个界面处都存在一层非晶层,在BP/Au界面处更突出,这主要是由于表面氧化形成PO_x层。

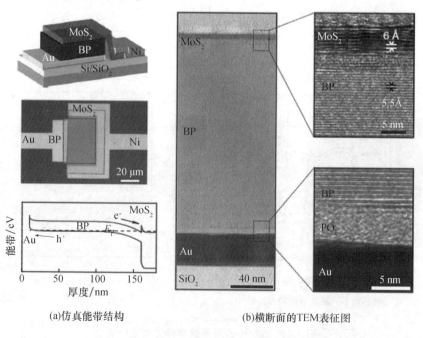

(a)仿真能带结构　　(b)横断面的TEM表征图

图7.18　BP/MoS_2异质结器件结构[35]

采用传递矩阵法提取 BP 的复折射率值,以此仿真模拟了 BP 的吸收率,对器件结构尺寸进行了优化。取 BP(150 nm)/MoS_2(15 nm)时,沿 x 轴极化入射光波长 $\lambda = 3$ μm 时,BP 层对光的吸收率可达 80%。该器件光电性能的表征如图 7.19 所示。在室温时,器件响应光电流密度随入射光($\lambda = 2.7$ μm)功率呈线性关系,当温度从 78 K 上升至 298 K 时,外量子效率 η_e 从 63% 降至 35%,内量子效率 η_i 从 84% 降至 45%。室温下器件中红外光探测率 D^* 高达 1.1×10^{10} cm·$Hz^{0.5}$·W^{-1}。

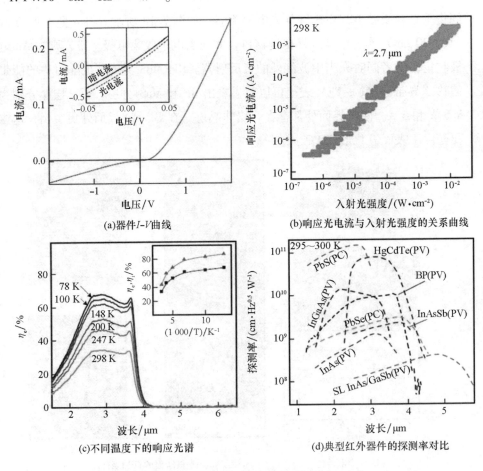

(a) 器件 I-V 曲线

(b) 响应光电流与入射光强度的关系曲线

(c) 不同温度下的响应光谱

(d) 典型红外器件的探测率对比

图 7.19 BP/MoS_2 异质结器件光电性能表征[35]

第7章
表面等离子体激元场增强和高温工作红外探测技术

目前，局部电场增强成为改善二维材料红外光电器件探测性能的另一种主要方法。局部电场增强方法主要包括：离子诱导局域电场、铁电材料诱导局域电场和光栅诱导局域电场。Zhang 等[36]和 Perera 等[37]报道了采用离子液体构成栅极的高性能 MoS_2 场效应晶体管，具备双极性工作能力。在离子诱导的超高局域电场下，载流子密度增加了一个数量级（1×10^{14} cm^{-2}），迁移率也得到明显改善（250 K 时达到 60 cm^2/(V·s)）。Beaumer 等使用 $LiNbO_3$ 铁电材料作为栅极，制备了石墨烯双极晶体管光探测器，$LiNbO_3$ 材料表面形成的高局域电场能够高效调控载流子浓度，从而实现在不需要外部电压情况下暗电流抑制和有效工作，为改善红外光电探测器在室温下工作性能提供了新的方法[38-39]。光栅效应是指通过光诱导的局域电场间接调控导电通道，常见于低维材料及其混合纳米结构的光电器件中。二维材料具有原子层厚度，相比于传统体材料，更容易受到局域电场的调控，因此引入局部电场成为提高二维光电探测器性能的有效手段[40]。二维材料的量子吸收效率通常比较低，提高光增益能够从本质上增强红外光电信号，改善二维材料光电探测器性能。光栅就是一种显著提高光增益，甚至拓宽探测波段的有效方法[41]。

二维材料红外光电探测器中光栅效应示意图如图 7.20 所示[42]。在光照下，通道中产生并分离电子-空穴对。通道表面由于存在某些载流子陷阱或能带弯曲，一种类型载流子（如光生空穴）被捕获，另一种载流子（如光生电子）则可以留下来在通道内传输。同时，被捕获的载流子还会进一步产生局部电场调控通道中载流子浓度，达到光增益的效果[43-47]，如图 7.20（b）所示。对于二维材料光电探测器，光栅效应引起的光电流变化 $I_{ph} = g_m \cdot \Delta V_g$，

(a) InAs纳米线器件示意图

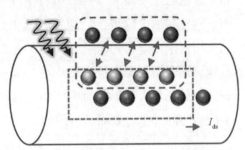

(b) 光栅效应示意图

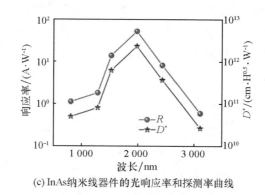

(c) InAs纳米线器件的光响应率和探测率曲线

图7.20 光栅效应对InAs纳米线红外光电探测器性能的影响[42]

g_m和ΔV_g分别为跨导和等效光诱导栅压。从图7.20（c）可以发现，在光栅效应的作用下，该器件峰值光响应率达到40 A/W，探测率达到10^{12} cm·Hz$^{0.5}$·W^{-1}。

7.3 本章小结

随着微纳光学技术的不断发展，出现了亚波长人工光学微腔结构，其光反射率、透射率、光谱特性和光偏振特性等都与常规光学元件有着截然不同的特点。人们利用人工光学微腔结构产生的表面等离子激元效应，可以将电磁场局限在亚波长结构内，实现对电磁波振幅、偏振和传播特性的有效调控，相关理论已经在波导器件、吸收增强红外探测器、拉曼散射增强、人工电磁超材料等领域中取得广泛应用。其中，在吸收增强红外探测器应用方面，人们采用周期性金属光栅结构产生的等离子体激元共振效应，将光波局限在红外探测器表面，促进探测器内红外光的吸收进一步增强。目前，大量的理论和实验研究表明基于表面离子体激元增强光吸收，已成为提高红外探测器光响应性能的一个重要而可行的方法。

高背景噪声（暗电流）使得窄带隙半导体红外探测器很难识别红外光子引起的电信号，特别是在室温下。根据能带理论，这主要是源于热激发下大

第7章
表面等离子体激元场增强和高温工作红外探测技术

量载流子导致的暗电流急剧上升。为了降低红外探测器对制冷设备的依赖,提高器件的工作稳定性,减小能耗、体积和成本,研发能够在高温甚至室温下工作红外探测器成为人们关注的热点。目前已经出现的基于能带工程红外势垒器件、量子级联器件、二维材料纳米器件均为高温工作红外探测技术的发展提供了很好的技术途径,并已经取得了很好的研究成果。

参考文献

[1] WOOD R W. XLII. On a remarkable case of uneven distribution of light in a diffraction grating spectrum[J]. Philosophical Magazine Series 6, 1902, 4(21): 396-402.

[2] RITCHIE R H. Plasma losses by fast electrons in thin films[J]. Physical Review, 1957, 106(5): 874-881.

[3] POWELL C J, SWAN J B. Origin of the characteristic electron energy losses in aluminum[J]. Physical Review, 1959, 115(4): 869-875.

[4] BARNES W L, DEREUX A, EBBESEN T W. Surface plasmon subwavelength optics[J]. Nature, 2003, 424(6950): 824-830.

[5] 罗时文. 基于表面等离激元的光学调控研究[D]. 武汉: 华中科技大学, 2018.

[6] MAO F L, XIE J J, XIAO S Y, et al. Plasmonic light harvesting for multicolor infrared thermal detection[J]. Optics Express, 2013, 21(1): 295-304.

[7] PORS A, BOZHEVOLNYI S I. Efficient and broadband quarter-wave plates by gap-plasmon resonators[J]. Optics Express, 2013, 21(3): 2942-2952.

[8] LE PERCHEC J, DESIERES Y, DE LAMAESTRE R E. Plasmon-based photosensors comprising a very thin semiconducting region[J]. Applied Physics Letters, 2009, 94(18): 181104.

[9] MARTYNIUK P, ANTOSZEWSKI J, MARTYNIUK M, et al. New concepts

in infrared photodetector designs[J]. Applied Physics Reviews, 2014, 1(4): 041102.

[10] KNAPITSCH A, AUFFRAY E, FABJAN C W, et al. Effects of photonic crystals on the light output of heavy inorganic scintillators[J]. IEEE Transactions on Nuclear Science, 2013, 60(3): 2322 – 2329.

[11] 梁建. 基于人工光子微结构调控的 HgCdTe 中长波焦平面红外探测器的研究[D]. 上海: 中国科学院上海技术物理研究所, 2015.

[12] QIU S P, TOBING L Y M, XU Z J, et al. Surface plasmon enhancement on infrared photodetection[J]. Procedia Engineering, 2016, 140: 152 – 158.

[13] CHANG C C, SHARMA Y D, KIM Y S, et al. A surface plasmon enhanced infrared photodetector based on InAs quantum dots[J]. Nano Letters, 2010, 10(5): 1704 – 1709.

[14] NOLDE J A, KIM M, KIM C S, et al. Resonant quantum efficiency enhancement of midwave infrared nBn photodetectors using one-dimensional plasmonic gratings[J]. Applied Physics Letters, 2015, 106(26): 261109 – 1 – 261109 – 4.

[15] MIAO J S, HU W D, JING Y L, et al. Surface plasmon-enhanced photodetection in few layer MoS_2 phototransistors with Au nanostructure arrays[J]. Small, 2015, 11(20): 2392 – 2398.

[16] 刘兴明, 韩琳, 刘理天. 室温红外探测器研究与进展[J]. 电子器件, 2005, 28(2): 415 – 420, 431.

[17] 刘铭, 闻娟, 周朋, 等. Sb 基 nBn 型红外探测器发展现状[J]. 激光与红外, 2017, 47(12): 1461 – 1467.

[18] SAVICH G R, PEDRAZZANI J R, SIDOR D E, et al. Benefits and limitations of unipolar barriers in infrared photodetectors[J]. Infrared Physics & Technology, 2013, 59: 152 – 155.

[19] UZGUR F, KARACA U, KIZILKAN E, et al. All InGaAs unipolar barrier infrared detectors[J]. IEEE Transactions on Electron Devices, 2018,

65(4): 1397-1403.

[20] UZGUR F, KARACA U, KIZILKAN E, et al. Al/Sb free InGaAs unipolar barrier infrared detectors[C]//Proceedings of SPIE, 2017, 10177: 1017706.

[21] KLEM J F, KIM J K, CICH M J, et al. Mesa-isolated InGaAs photodetectors with low dark current[J]. Applied Physics Letters, 2009, 95(3): 031112-1-031112-3.

[22] NGUYEN C, LIU T, CHEN M, et al. AlInAs/GaInAs/InP double heterojunction bipolar transistor with a novel base-collector design for power applications[J]. IEEE Electron Device Letters, 1996, 17(3): 133-135.

[23] CAPASSO F. Compositionally graded semiconductors and their device applications[J]. Annual Review of Materials Science, 1986, 16: 263-291.

[24] AHRENKIEL R K, ELLINGSON R, JOHNSTON S, et al. Recombination lifetime of $In_{0.53}Ga_{0.47}As$ as a function of doping density [J]. Applied Physics Letters, 1998, 72(26): 3470-3472.

[25] ROGALSKI A. Infrared detectors[M]. 2nd ed. Boca Raton: CRC Press, 2011.

[26] ITSUNO A M, PHILLIPS J D, VELICU S. Design of an auger-suppressed unipolar HgCdTe NBνN photodetector[J]. Journal of Electronic Materials, 2012, 41(10): 2886-2892.

[27] HUANG J A, GUO D Q, CHEN W, et al. Sub-monolayer quantum dot quantum cascade mid-infrared photodetector[J]. Applied Physics Letters, 2017, 111(25): 251104.

[28] HOFSTETTER D, BECK M, FAIST J. Quantum-cascade-laser structures as photodetectors[J]. Applied Physics Letters, 2002, 81(15): 2683-2685.

[29] GENDRON L, CARRAS M, HUYNH A, et al. Quantum cascade photodetector[J]. Applied Physics Letters, 2004, 85(14): 2824-2826.

[30] BARVE A V, KRISHNA S. Photovoltaic quantum dot quantum cascade infrared photodetector[J]. Applied Physics Letters, 2012, 100(2): 021105-1-021105-3.

[31] REININGER P, SCHWARZ B, DETZ H, et al. Diagonal-transition quantum cascade detector[J]. Applied Physics Letters, 2014, 105(9): 091108-1-091108-4.

[32] DOUGAKIUCHI T, FUJITA K, HIROHATA T, et al. High photoresponse in room temperature quantum cascade detector based on coupled quantum well design[J]. Applied Physics Letters, 2016, 109(26): 261107.1-261107.4.

[33] GRAF M, HOYLER N, GIOVANNINI M, et al. InP-based quantum cascade detectors in the mid-infrared[J]. Applied Physics Letters, 2006, 88(24): 241118-1-241118-3.

[34] LIU S J, HUO N J, GAN S, et al. Thickness-dependent Raman spectra, transport properties and infrared photoresponse of few-layer black phosphorus[J]. Journal of Materials Chemistry C, 2015, 3(42): 10974-10980.

[35] BULLOCK J, AMANI M, CHO J, et al. Polarization-resolved black phosphorus/molybdenum disulfide mid-wave infrared photodiodes with high detectivity at room temperature[J]. Nature Photonics, 2018, 12(10): 601-607.

[36] ZHANG Y J, YE J T, MATSUHASHI Y, et al. Ambipolar MoS_2 thin flake transistors[J]. Nano Letters, 2012, 12(3): 1136-1140.

[37] PERERA M M, LIN M W, CHUANG H J, et al. Improved carrier mobility in few-layer MoS_2 field-effect transistors with ionic-liquid gating[J]. ACS Nano, 2013, 7(5): 4449-4458.

[38] WU G J, WANG X D, WANG P, et al. Visible to short wavelength infrared In_2Se_3-nanoflake photodetector gated by a ferroelectric polymer[J]. Nanotechnology, 2016, 27(36): 364002.

[39] NABER R C G, TANASE C, BLOM P W M, et al. High-performance solution-processed polymer ferroelectric field-effect transistors[J]. Nature Materials, 2005, 4(3): 243-248.

[40] WANG J L, FANG H H, WANG X D, et al. Recent progress on localized

field enhanced two-dimensional material photodetectors from ultraviolet-visible to infrared[J]. Small, 2017, 13(35): 1700894.

[41] FANG H H, HU W D. Photogating in low dimensional photodetectors[J]. Advanced Science, 2017, 4(12): 1700323.

[42] FANG H H, HU W D, WANG P, et al. Visible light-assisted high-performance mid-infrared photodetectors based on single InAs nanowire[J]. Nano Letters, 2016, 16(10): 6416-6424.

[43] KUFER D, NIKITSKIY I, LASANTA T, et al. Hybrid 2D-0D MoS_2-PbS quantum dot photodetectors[J]. Advanced Materials, 2015, 27(1): 176-180.

[44] GUO Q S, POSPISCHIL A, BHUIYAN M, et al. Black phosphorus mid-infrared photodetectors with high gain[J]. Nano Letters, 2016, 16(7): 4648-4655.

[45] GUO N, HU W D, LIAO L, et al. Anomalous and highly efficient InAs nanowire phototransistors based on majority carrier transport at room temperature[J]. Advanced Materials, 2014, 26(48): 8203-8209.

[46] MIAO J S, HU W D, GUO N, et al. Single InAs nanowire room-temperature near-infrared photodetectors[J]. ACS Nano, 2014, 8(4): 3628-3635.

[47] LUO W J, WENG Q C, LONG M S, et al. Room-temperature single-photon detector based on single nanowire[J]. Nano Letters, 2018, 18(9): 5439-5445.

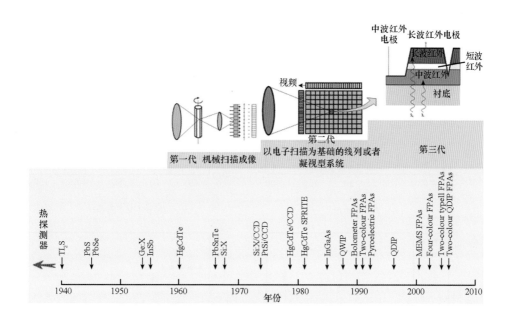

图 1.2 红外探测器的发展历程

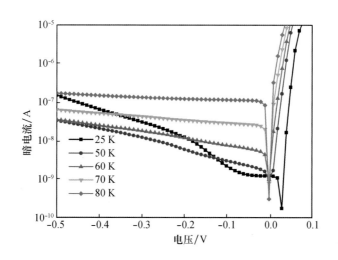

图 2.4 典型 HgCdTe 光伏器件的 I-V 曲线

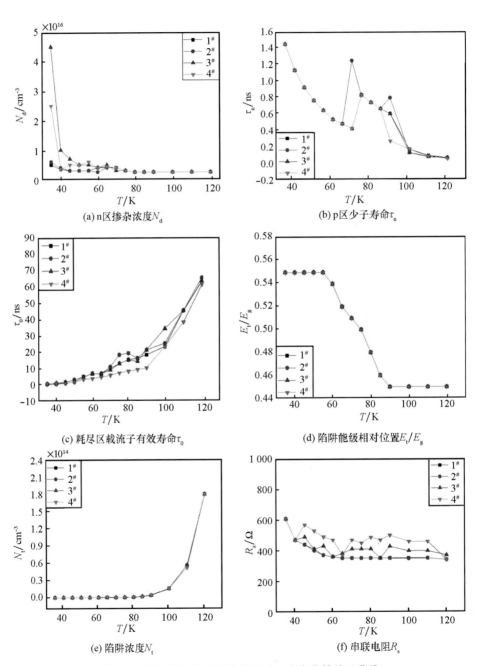

图 3.7 四个光敏元各拟合参数随温度变化的关系曲线

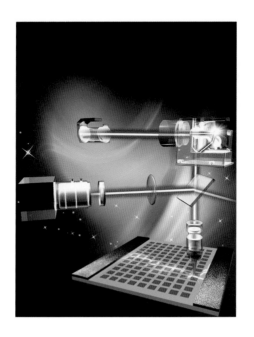

图 4.1　阵列器件的 LBIC 检测示意图

(a) 整个LBIC测试平台

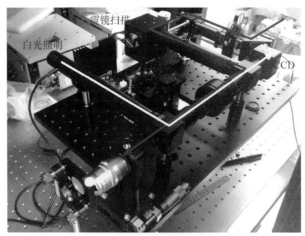

(b) 核心LBIC装置

图 4.5　LBIC 测试装置图

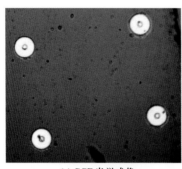

(a) CCD光学成像

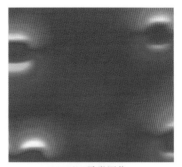

(b) LBIC显微图像

图 4.6　待测样品的 CCD 光学成像和 LBIC 显微图像对比

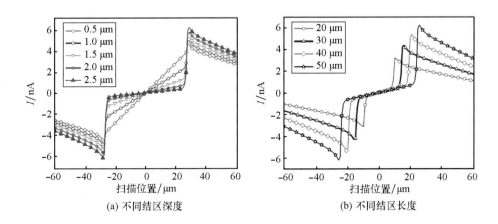

图 4.8　$Hg_{0.69}Cd_{0.31}Te$ 的 p-n 结在不同结区深度和结区长度下的 LBIC 仿真结果

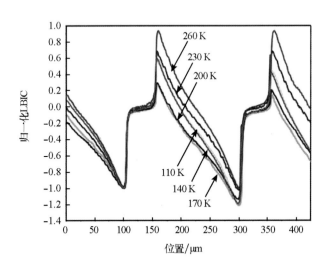

图 4.13　温度从 110~260 K 的结区局域漏电 LBIC 测量曲线

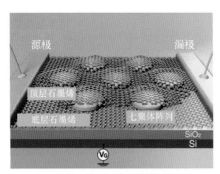
(a) 等离子激元天线的结构示意图

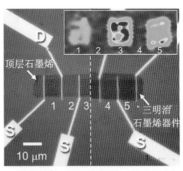
(b) 器件转移顶层石墨烯前后的拉曼表征

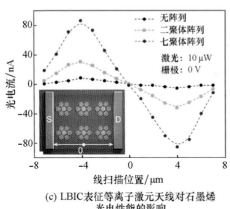
(c) LBIC表征等离子激元天线对石墨烯光电性能的影响

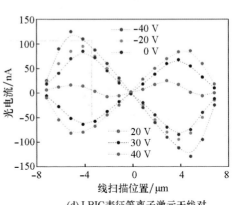
(d) LBIC表征等离子激元天线对器件光电性能的调控规律

图 4.15　等离子激元天线 –"三明治"石墨烯器件的 LBIC 表征

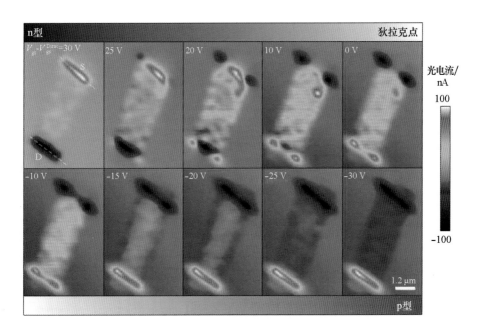

图 4.16　不同栅极电压下石墨烯器件的 SPCM 表征结果

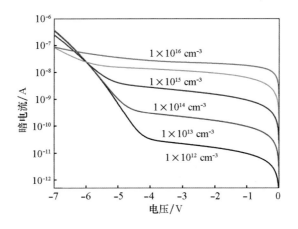

图 5.9　不同陷阱浓度对器件暗电流影响的模拟结果

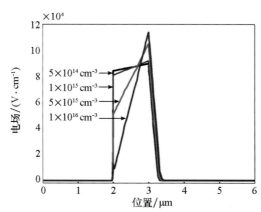

(a) 不同雪崩区掺杂浓度下器件沿p-n结垂直方向的电场强度分布

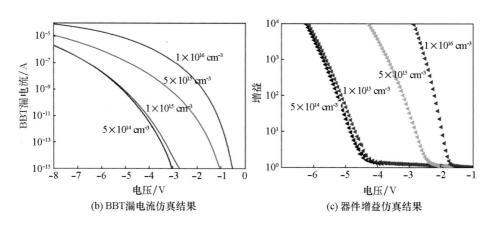

(b) BBT漏电流仿真结果　　(c) 器件增益仿真结果

图5.11　雪崩区掺杂浓度的优化仿真结果